职业技术教育"十二五"课程改革规划教材
光电技术（信息）类

激光 原理与技术

JIGUANG

YUANLI YU JISHU

主　编　施亚齐　戴梦楠
副主编　吴晓红　王中林　陈一峰
主　审　杨坤涛

U0370405

华中科技大学出版社
http://www.hustp.com
中国·武汉

内 容 简 介

本书主要阐述激光的基本原理、基本技术和应用。内容包括激光的基本原理、光学谐振腔理论、典型激光器及其特点、激光基本技术，以及激光特性改善与控制技术，另外对激光在工程技术上的应用也作了简要介绍。

本书可作为高职高专院校光电子技术类基础课程的教材，也可作为相关研究人员、技术人员及高等院校有关专业师生的参考书。

图书在版编目(CIP)数据

激光原理与技术/施亚齐　主编.—武汉:华中科技大学出版社,2012.9 (2019.7重印)
ISBN 978-7-5609-8230-4

Ⅰ.激…　Ⅱ.施…　Ⅲ.①激光理论-职业教育-教材　②激光技术-职业教育-教材　Ⅳ.TN241

中国版本图书馆 CIP 数据核字(2012)第 168141 号

激光原理与技术

施亚齐　主编

策划编辑：刘万飞　王红梅
责任编辑：江　津
封面设计：秦　茹
责任校对：张　琳
责任监印：徐　露
出版发行：华中科技大学出版社(中国·武汉)　　电话：(027)81321913
　　　　　武汉市东湖新技术开发区华工科技园　　邮编：430223
录　　排：武汉正风天下文化发展有限责任公司
印　　刷：北京虎彩文化传播有限公司
开　　本：787mm×1092mm　1/16
印　　张：10
字　　数：240 千字
版　　次：2019 年 7 月第 1 版第 4 次印刷
定　　价：22.80 元

前　言

　　教材建设是整个高职高专教育、教学工作中的重要组成部分。改革开放以来,在各级教育行政主管部门、学校和出版社的共同努力下,各地已出版了一批高职高专教育教材。但从整体上看,具有高职高专教育特色的教材极其匮乏,特别是正在兴起的光电子技术专业,不少院校尚在借用本科教材,教材建设远落后于高职高专发展的教学需要。因此,为了做好全国高职院校光电子技术专业教材的规划和出版工作,根据国家教育部制定的《高职高专教育基础课程教学基本要求》和《高职高专教育专业人才培养目标及规格》,我校组织有关高职院校,总结了本书初稿在使用过程中的经验,并借鉴、参考其他相关专业教材,出版了《激光原理与技术》。

　　本书包括激光技术最基本的六部分内容,即激光概论、激光产生的基本原理、光学谐振腔、典型激光器、激光基本技术、激光在工程技术中的应用。在介绍基本原理和技术时,力求做到概念准确、内容精炼、重点突出,注重理论联系实际;在讲解上,力求做到通俗易懂、便于自学。书中给出了相应的习题,以帮助学生掌握和巩固所学知识。

　　本书由武汉交通职业学院施亚齐主编。第1章和第2章由武汉职业技术学院吴晓红编写,第3章由武汉软件工程职业学院戴梦楠编写,第4章由武汉软件工程职业学院王中林编写,第0章和第5章由武汉交通职业学院施亚齐编写,第6章由武汉船舶职业技术学院陈一峰编写。全书由施亚齐老师和戴梦楠老师共同统稿、修改和定稿。

　　本书承蒙华中科技大学光学与电子信息学院杨坤涛教授仔细审阅,提出了许多宝贵意见,在此表示深切感谢。本书在编写过程中,参阅了一些著作和文献,此时谨向作者表示诚挚的谢意。

　　纵然如此,限于编者的水平和经验,本书还存在不少缺点和不足,希望广大读者提出批评和建议。

施亚齐

2012 年 7 月于武汉交通职业学院

目　　录

第 **0** 章

绪 论

世界上第一台激光器的成功演示距今已有半个世纪了。半个世纪来，激光科学技术以其强大的生命力谱写了一部典型的学科交叉的创造发明史。激光的应用已经遍及科技、经济、军事和社会等诸多领域，远远超出了人们原有的预想。在此，我们来回顾一下它的发展历史并了解一下其应用前景。

0.1 激光的发展简史

1917 年，著名物理学家爱因斯坦在研究光辐射与原子相互作用时发现，除了受激吸收跃迁和自发辐射跃迁这两种过程外，还存在第三种过程——受激辐射跃迁，即在能量相应于两个能级差的外来光子作用下，会诱导处在高能态的原子向低能态跃迁，并同时辐射出能量相同的光子。这就已经隐含了，如果能使组成物质的原子(或分子)数目按能级的热平衡分布出现反转，就有可能利用受激辐射实现光放大(Light Amplification by Stimulated Emission of Radiation，LASER)。随后，理论物理学家又证明了受激辐射跃迁所产生的光子具有的特性，它的频率、相位、传播方向、偏振方向都与诱导产生这种跃迁的光子相同。也就是说，受激辐射具有很好的相干性和方向性。这些都为激光的出现奠定了理论基础。但是，当时的科学技术和生产发展还没有提出这种实际的需求，所以激光也并未被发明出来。

爱因斯坦从理论上阐明了受激辐射的存在之后，直到 20 世纪 50 年代初，电子学、微波技术的应用提出了将无线电技术从微波推向光波的需求，当时的光学技术迫切需要一种能像微波振荡器一样产生可以被控制的光波振荡器，即强相干光源。虽然光波振荡器从本质上也是由光波放大和谐振腔两部分组成，但是如果沿袭发展微波振荡器的思想，即在一个尺度和波长可比拟的封闭的谐振腔中利用自由电子与电磁场的相互作用实现电磁波的放大和振荡，是很难实现光波振荡的。这时，少数目光敏锐又勇于创新的科学家，如美国的汤斯(Charles H. Townes)、苏联的巴索夫(Nikolai G. Basov)和普洛霍洛夫(Aleksander M. Prokhorov)创造性地继承和发展了爱因斯坦的理论，提出了利用原子、分子的受激辐射来放大电磁波的新概念，并于 1954 年第一次实现了氨分子微波量子振荡器(MASER)。它抛弃了利用自由电子与电磁场的相互作用来放大和振荡的传统概念，开辟了利用原子(分子)中的束缚电子与电磁场的相互作用来放大电磁波的新思路。道路一经打开，人们便立即向光波振荡器（即激光器，LASER）进军。1958 年，汤斯和他的合作者肖洛（Arthur L. Schawlow）又抛弃了尺度必需和波长可比拟的封闭式谐振腔的老思路，提出了利用尺度远大于波长的开放式光谐振腔，巧妙地借用传统光学中早有的 F-P 干涉概念实现激光器的新思想。荷兰物理学家布隆伯根（Nicolaas Bloembergen）又提出了利用光泵浦三能级原子系统实现原子数反转分布的新构思。此后，全世界许多研究小组参与了研制第一台激光器的竞赛。

1960 年 7 月，世界上第一台红宝石固态激光器产生。当时，美国休斯公司实验室的一位从事红宝石荧光研究的年轻人梅曼敏锐地抓住机遇，勇于实践，使用今天看起来非常简单的方法，演示了世界第一台红宝石固态激光器，获得波长为 694.3 nm 的激光。继而，全世界的许多研究小组很快地重复了他的实验。中国第一台红宝石激光器于 1961 年 8 月在中国科学院长春光学精密机械研究所研制成功。与梅曼所设计的红宝石激光器相比，这台激光器在结构上有了新的改进，而且是在当时我国工业水平比美国低得多、研制条件十分困难的情况下，靠研究人员自己设计、动手制造的。在这以后，我国的激光技术得到了迅速发展，并在各个领域得到了广泛应用。1987 年 6 月，10^{12} W 的大功率脉冲激光系统——神光装置，在中国科学院上海光学精密机械研究所研制成功，为我国的激光聚变研究做出了巨大的贡献。

0.2 激光的应用

实验证实，激光确实具有完全不同于普通光（自发辐射光）的性质：单色性、方向性、相干性和高亮度。这些正是激光应用的物理基础。

50 多年来，激光的发明不仅演绎了一部典型的学科交叉的创造发明史，而且生动地体现了人的知识和技术创新活动是如何推动经济、社会的发展，以造福人类的物质与精神生活的。一批具有不同学科和技术背景的科学家接二连三地发明了各种不同类型的激光器和激光控制技术，如半导体（GaAs、InP 等）激光器、固体（Nd:YAG 等）激光器、气体原子（He-Ne 等）激光器、气体离子（Ar＋等）激光器、气体 CO_2 分子激光器、气体准分子（XeCl、KrF 等）激光器、金属蒸气（Cu 等）激光器、可调谐染料及钛宝石激光器、激光二极管泵浦（全固化）激光器、光纤放大器和激光器、光学参量振荡及放大器、超短脉冲激光器、自由电子激光器、极紫外及 X 射线激光器等。与此同时，各种科学和技术领域纷纷应用激光并形成了一系列新的交叉学科和应用技术领域，包括信息光电子技术、激光医疗与光子生物学、激光加工、激光检测与计量、激光全息技术、激光光谱分析技术、非线性光学、超快光子学、激光化学、量子光学、激光（测污）雷达、激光制导、激光分离同位素、激光可控核聚变、激光武器等。

展望未来，激光在科学发展与技术应用两方面都还有巨大的机遇、挑战和可创新的空间。在技术应用方面，以半导体量子阱激光器和光纤器件为基础的信息光电子技术将继续成为未来信息技术的基础之一，宽带光纤传输将组成全球信息基础设施的骨干网络，光纤接入网也将作为信息高速公路的神经末梢进入家庭，为人们提供高清晰度电视节目、远程教育、远程医疗等质高价廉的信息服务。光盘、全息以至更新型的信息存储技术将为此提供丰富的信息资源，光子技术将和微电子技术、微机械技术交叉、融合，形成微光机电技术。激光医疗与光子生物学在本世纪的发展前景和重要性绝不亚于信息光电子技术，激光和光纤（传像光纤和传能光纤）技术可以帮助人们找到攻克心血管病、癌症等危害人类疾病的新方法，包括基于激光的诊断、手术和治疗。激光光谱分析和激光雷达技术为环境保护和污染检测提供了强有力的技术手段。工业激光加工与计量将和工业机器人结合,为未来的制造业提供先进、精密和灵巧的特殊加工与测量手段。光纤传感技术和材料工程的交叉正在创造未来的灵巧结构材料(smart structure),它能感知并自动控制自己的应力、温度等状态,从而为未来的飞机、桥梁、水坝等结构提供安全保障。

总之,激光技术自 20 世纪 60 年代初发展起来之后,它的奇异特性使其得到迅速发展和广泛应用。从某种意义上说,激光技术已经成为信息时代的心脏,成为社会进步的推动力,成为人类现代生活的重要组成部分。

第 1 章

激光概论

1.1　准备知识

激光是英文单词"LASER"的中译名。LASER 一词是"Light Amplification by Stimulated Emission of Radiation"的词头缩写,译为"通过辐射的受激发射实现光放大",其实质是"光的受激辐射放大",简称"激光"。

激光不同于普通光源所发射的光,而是由激光振荡器(简称激光器)所产生的能够像电子振荡器所产生的电磁波那样被利用的光波。从这个意义上来说,激光的发明,把电子学推到了光频波段,产生了一门崭新的学科——光电子学,开辟了一个崭新的技术领域——光电子技术领域。

激光是怎样产生的? 它有什么特性? 激光技术的状况如何? 它有哪些应用? 发展前景如何? 本书将依次讨论这些问题。

1.1.1　光的波粒二象性

我们生活的世界充满光,光现象是人们最熟悉的物理现象之一。对光本性的探求,有史以来一直是人们追求的一个科学目标。

对于光本性的认识,早在 17 世纪就形成两派相互对立的学说。一派以牛顿为首,认为光是一种微粒流,微粒从光源飞出来,在均匀物质内以力学规律作等速直线运动,这就是所谓的光的微粒说。微粒说能很自然地解释光直线传播的特性,并且对光的折射和反射定律也作了成功的解释,然而微粒说在解释光的干涉和衍射现象时却遇到了困难。另一派以惠更斯为首,他们是微粒说的反对者,认为光是在一种特殊的介质——"以太"中传播的弹性波,这种"以太"介质充满宇宙的全部空间,这就是所谓的光波动说。波动说可以顺理成章地解释光的干涉和衍射现象。然而惠更斯等人对于光波的概念解释得也很不完全,因为世界上根本不存在那种不可思议的"以太"介质,光波也不是弹性波。

在光学萌芽的 17 世纪和 18 世纪,光的微粒说一直占据优势,而波动说则被忽视,甚至被遗忘。直到 19 世纪初,人们发现了光的干涉、衍射和偏振等现象,这些现象是波动的特征,光的波动说才重新引起人们的重视,逐渐发展成波动光学体系。然而,"以太"的概念仍然是一个重大的缺陷。19 世纪中叶,由于电磁理论的发展才确认光是一种电磁波,而不是惠更斯的弹性机械波,人们彻底摒弃了"以太"概念,光的波动理论获得了新的生命力。

1900 年,普朗克在研究黑体辐射的过程中提出了辐射的量子论,他认为光波的能量是不连续的,而是由一份份能量微粒组成的,这种能量微粒称为光量子或光子。1905 年,爱因斯坦将光的量子论用于解释光电效应,他对光子的概念作了更明确的阐述。他指出,在光作用于物质时,光也是以光子为最小单位进行的。在 19 世纪末和 20 世纪初,许多实验都证明了光的量子性。这样一来,光的微粒性(量子性)又提到了首位。

20 世纪初,一方面从光的干涉、衍射、偏振,以及运动物体的光学现象确证了光是电磁波,证明了光的波动性,而另一方面又从热辐射、光电效应、光压现象及光化学作用等证明了光的量子性——微粒性。光的波动理论和光的量子论各自统治着自己的领域,都可以解释一部分光现象。但波动理论不能解释光的量子行为,而光的量子论也不能说明光的波动现象。表面上看,这种对立类似于牛顿的微粒说与惠更斯的波动说的对立,但是就对光本性的认识而言,光的量子论和光的电磁波理论都进入了更高级的阶段,两者的对立有着深刻的内在联系。普朗克首先揭示出这种联系,他指出一定频率的光对应一定能量的光子,而爱因斯坦进一步证明了光子的动量与光波的波矢间的对应关系,这就是光的波粒二象性。光的波粒二象性的数学表述如下。

$$E = h\nu \tag{1-1}$$
$$\boldsymbol{P} = h\boldsymbol{K}$$

式中:h 是普朗克常数;E 和 P 分别是光子的能量和动量;ν 是光波的频率;K 是光波的波矢,在数值上与波长的倒数($K = 2\pi/\lambda$)有关,方向为光波传播的方向。至此,光的波动性和粒子性辩证地统一起来,应用光的量子论和光的电磁波理论就能够令人满意地解释我们周围发生的各种光现象。

1.1.2　光的电磁波理论

光是一种电磁波,它与普通的无线电波一样,在传播过程中具有确定的频率、波长、位相、传播速度和传播方向。根据电磁波理论,光波电磁场随时间和空间的变化规律满足麦克斯韦方程组,即

$$\left. \begin{array}{l} \nabla \times \boldsymbol{E} = -\dfrac{\partial \boldsymbol{B}}{\partial t} \\[2mm] \nabla \times \boldsymbol{H} = \dfrac{\partial \boldsymbol{D}}{\partial t} + \boldsymbol{J} \end{array} \right\} \tag{1-2}$$
$$\left. \begin{array}{l} \nabla \cdot \boldsymbol{D} = \rho \\[1mm] \nabla \cdot \boldsymbol{B} = 0 \end{array} \right\}$$

光波在介质中传播时还应满足物质方程,即

$$\left. \begin{array}{l} \boldsymbol{J} = \sigma \boldsymbol{E} \\[1mm] \boldsymbol{D} = \varepsilon \boldsymbol{E} \\[1mm] \boldsymbol{B} = \mu \boldsymbol{H} \end{array} \right\} \tag{1-3}$$

式(1-2)和式(1-3)是光在传播过程中光波电磁场应满足的基本方程组,光的一切特性

可以从基本方程组推导出来。求解基本方程组,可以得到光波具有不同的传播形式,即平面波、球面波或柱面波。平面波的电磁场可表示为

$$\left.\begin{array}{l} E(r,t)=E_0\cos(\omega t-\boldsymbol{K}\cdot\boldsymbol{r}) \\ H(r,t)=H_0\cos(\omega t-\boldsymbol{K}\cdot\boldsymbol{r}) \end{array}\right\} \tag{1-4}$$

式中:E_0 和 H_0 分别为光波场的电场强度和磁场强度的振幅;ω 为光波的角频率($\omega=2\pi\nu$);$\boldsymbol{K}$ 为光波沿传播方向的波矢,其大小称为波数($K=2\pi/\lambda$);$\boldsymbol{r}$ 为空间坐标矢。有时为了运算方便,常把式(1-4)写成复数的形式,即

$$\left.\begin{array}{l} E(r,t)=E_0\exp[-\mathrm{i}(\omega t-\boldsymbol{K}\cdot\boldsymbol{r})] \\ H(r,t)=H_0\exp[-\mathrm{i}(\omega t-\boldsymbol{K}\cdot\boldsymbol{r})] \end{array}\right\} \tag{1-5}$$

如果光在无限大的均匀介质(ε、μ 为常数)中传播,并且远离辐射源($\rho=0,J=0$),则可以证明,光波电磁场满足同一种形式的微分方程式,亦称为波动方程,即

$$\left.\begin{array}{l} \nabla^2 E=\dfrac{1}{V^2}\dfrac{\partial^2 E}{\partial t^2} \\[2mm] \nabla^2 H=\dfrac{1}{V^2}\dfrac{\partial^2 H}{\partial t^2} \end{array}\right\} \tag{1-6}$$

式中:V 是光波在介质中的传播速度

$$V=\frac{c}{n}=\lambda\nu \tag{1-7a}$$

式中:c 是光波在真空中的传播速度;λ 是在介质中的波长;n 是介质的折射率。

$$n=\sqrt{\varepsilon_r\mu_r} \tag{1-7b}$$

式中:ε_r 和 μ_r 分别是介质的相对介电常数和相对磁导率。

将式(1-5)代入麦克斯韦基本方程组可以证明

$$\left.\begin{array}{l} \boldsymbol{K}\cdot\boldsymbol{E}=0 \\ \boldsymbol{K}\cdot\boldsymbol{H}=0 \\ \boldsymbol{K}\times\boldsymbol{E}=\mu\omega\boldsymbol{H} \\ \boldsymbol{K}\times\boldsymbol{H}=-\mu\omega\boldsymbol{E} \end{array}\right\} \tag{1-8}$$

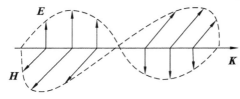

图 1.1 E 和 H 相互垂直并且垂直于 K

式(1-8)表明平面波具有横波的特性,其电场和磁场的振动方向相互垂直,并且垂直于光波的传播方向,如图 1.1 所示。由于光效应是由电场强度引起的,今后讨论光波的运动只用电场强度来描述。

如果光波是由点源发出的,则光波为球面波,表达式为

$$E(r,t)=\frac{E_1}{r}\exp[-\mathrm{i}(\omega t-\boldsymbol{K}\cdot\boldsymbol{r})] \tag{1-9}$$

式中:E_1 是距点源单位距离处的电场强度。

如果光波是由一无限长的线光源发出的,则光波为柱面波,其表达式为

$$E(r,t)=\frac{E_1}{\sqrt{r}}\exp[-\mathrm{i}(\omega t-\boldsymbol{K}\cdot\boldsymbol{r})] \tag{1-10}$$

光是一种电磁波,它的波动性主要表现在具有干涉、衍射和偏振等特性,分别介绍如下。

1. 干涉

当频率相同、振动方向相同、位相相同或位相不同但具有固定位相差的两束或多束光波相遇时，在相遇区内产生光强相长或相消的条纹，这就是干涉现象。在日常生活中我们常会遇到干涉现象，例如，肥皂泡和漂浮在水面的油膜上呈现出美丽的彩色条纹就是太阳光干涉的结果。在科学技术应用中，人们用干涉仪使激光产生干涉，利用干涉条纹进行几何尺寸的精密测量。

2. 衍射

衍射是波动性的一个主要标志。在日常生活中我们常见在平静水面上传播的水波，当遇到障碍物时，水波会绕到障碍物的几何阴影中去，并且在几何阴影边界区域，波的强度有较大的起伏。但是，在日常生活中我们经常见的是光的直进性和反射、折射现象，极少发现光的衍射现象。这是因为衍射是有条件的，只有当障碍物的尺寸与波长相近时，衍射现象才比较显著。我们知道，可见光的波长为 $0.4\sim0.7\ \mu\mathrm{m}$，人眼要分辨这样小的障碍物阴影区内的光强变化显然是不可能的。

3. 偏振

如果光在传播过程中电场强度的振动遵循一定的规律，则称该光为偏振光。如果光电场的振动方向毫无规律，则该光为非偏振光或自然光。若光电场沿一条直线方向振动，该光为线偏振光。线偏振光的振动方向与传播方向所在的平面称作振动面，而包含传播方向并与振动面垂直的平面称作偏振面。显然，偏振面的法线方向就是线偏振光电场强度的振动方向。除了线偏振光外，人们发现电场强度的振动有时沿着一个椭圆轨迹变化，称为椭圆偏振光。在特殊情况下，轨迹为一个圆，称为圆偏振光。如果变化的方向是沿着顺时针前进的，称为右圆偏振光，反之称为左圆偏振光。

1.1.3　电磁波谱

大量的实验证实，光、无线电波、X 射线和 γ 射线的本性都是电磁波，不同的是它们的频率（或波长）范围，而且彼此差别很大。如果按其频率（或波长）次序排列成一个频谱，则称为电磁波谱，如图 1.2 所示。这里所说的光是广义的，它包括红外线、可见光和紫外线，可见光只是其中的一小部分。如果把各种光的频率范围排列成一个谱，则称为光谱。

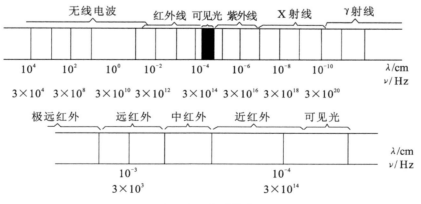

图 1.2　电磁波谱

光的频率极高,频率覆盖范围为 $10^{12} \sim 10^{16}$ Hz,相应的波长范围为 $10^{-1} \sim 10^{-7}$ cm。为了使用方便,人们通常根据光的某些特性的差异再细分。红外线细分为极远红外、远红外、中红外和近红外;可见光细分为红色、橙色、黄色、绿色、青色、蓝色和紫色。各类光按波长的光谱分区如表 1.1 所示。

表 1.1　光谱分区

光		$\lambda/\mu m$	$\Delta\lambda/\mu m$
红外线	极远红外	$15 \sim 1000$	985
	远红外	$6 \sim 15$	9
	中红外	$3 \sim 6$	3
	近红外	$0.76 \sim 3$	2.24
可见光	红色	$0.63 \sim 0.76$	0.13
	橙色	$0.60 \sim 0.63$	0.03
	黄色	$0.57 \sim 0.60$	0.03
	绿色	$0.50 \sim 0.57$	0.07
	青色	$0.45 \sim 0.50$	0.05
	蓝色	$0.43 \sim 0.45$	0.02
	紫色	$0.40 \sim 0.43$	0.03
紫外线		$0.001 \sim 0.40$	0.399

在电磁波谱中各类电磁波,虽然其波长范围不同,产生的方法及其与物质相互作用的效应各不相同,但由于本性相同,所以在传播及与物质相互作用过程中都遵守普遍的运动规律。例如,电磁波在真空中的传播速度为 $c=2.9979\times10^{8}$ m/s,在介质中的传播速度为 $v=c/n=c\sqrt{\varepsilon_r\mu_r}$,在传播过程中遵守反射、折射、干涉、衍射和偏振规律等。

1.2　光的能量及量度物理量

1.2.1　光的能量

光是人们最熟悉的一种物质。前面已经指出,光是一种电磁波,具有波粒二象性。电磁理论证明,伴随着光的传播,光的电磁能量也不断在空间传播。单位时间通过垂直于传播方向单位面积的电磁能量称为光辐射的强度矢量或坡印廷矢量,定义为 S,并且满足

$$S=E\times H \tag{1-11}$$

式(1-11)描述了光的能量在空间的传播特性。光波的频率极高($10^{12} \sim 10^{16}$ Hz),所以 S 值的变化极快,人眼和任何接收器都不可能察觉 S 的瞬时变化,接收到的 S 值只能是其平均值。对于平面波光波来说,一个周期内的能量平均值为

$$\overline{S} = \frac{1}{T}\int_0^T S\mathrm{d}t = \frac{1}{2}\sqrt{\frac{\varepsilon}{\mu}}E^2 \tag{1-12}$$

式中:ε 为介质的介电常数;μ 为磁导率。

在实际应用中,把光辐射强度的平均值 $\overline{S}$ 称为光强度,即单位时间内通过垂直于光的传

播方向单位面积的能量,用 I 表示。

另外,还可以用光的微粒性来表示光的能量。光的微粒性理论认为,光是由光子组成的,每个光子的能量为 $E=h\nu$,光的频率不同,光子的能量也不同。光波传输的能量是由许多单个光子组成的光子流的能量。

设一束频率为 ν 的单色光的强度为 I,光束的光子密度为 n(单位体积内的光子数),则有

$$I=nh\nu c \qquad (1\text{-}13)$$

单个光子除具有能量外,还具有动量,所以光波在传输能量的同时还传输动量。光波传输的动量就是光子流的动量。由光的波粒二象性可知,波长为 λ 的光子的动量为 h/λ。设光子流的能量密度为 w,动量密度为 p,则有

$$\left.\begin{array}{l} w=nh\nu \\[2mm] p=n\dfrac{h}{\lambda}=\dfrac{nh\nu}{c}=\dfrac{w}{c} \end{array}\right\} \qquad (1\text{-}14)$$

式中:w 和 p 的流动方向指向光的传播方向。

因此,光子流是能量流,也是动量流。光子流的能量效应为光电效应、X 射线的散射及光作用下的化学反应等大量实验规律所证实,而光子流的动量效应则为自然界中的光压现象所证明。在真空中,当沿着某一方向传输的光子流入射到物体表面上时,部分光子流被吸收,而另一部分光子流被反射,光子流的动量发生改变,这表明物体受到了力的作用。假设光子流垂直于物体表面入射,物体表面的反射系数为 R(显然 $R<1$),则很容易证明,垂直于物体表面单位面积的作用力(即光压 $P_{光压}$)为

$$P_{光压}=(1+R)w \qquad (1\text{-}15a)$$

或

$$P_{光压}=(1+R)\dfrac{I}{c} \qquad (1\text{-}15b)$$

因为光的传播速度非常快,所以对于各种实际上能得的光能量而言,光压都非常小。例如,在晴天直射的阳光被完全吸收时,它所产生的光压仅为 40 Pa。所以只有用精密仪器才能察觉到光压的存在。

1.2.2　光的辐射度量

历史上,人们早先对光的认识是通过眼睛产生"光亮"的感觉来认识的,根据光辐射能对正常人眼产生的视觉刺激的大小引入光度学量(如光通量、光强、亮度和照度等物理量)来描述光的能力分布。显然,光度学量受主观视觉的影响太大,只适用于可见光,不是客观的物理学描述方法。光的辐射度量用能量单位来描述光辐射能,是建立在物理测量基础上的不受人的主观视觉影响的客观物理量,适用于包括可见光在内的各种波段的电磁辐射量的计算和测量。最常用的基本辐射量有以下几个。

1. 辐射能 Q_e

辐射能是一种以辐射形式发射、传播或接收的能量,单位为 J。

2. 辐射通量 $\varPhi_e$

辐射通量又称辐射功率 P_e,是以辐射形式发射、传播或接收的功率,单位为 W。它是辐射能随时间的变化率

$$\varPhi_e=\dfrac{\mathrm{d}Q_e}{\mathrm{d}t} \qquad (1\text{-}16)$$

3. 辐射强度 I_e

辐射强度定义为在给定方向上的单位立体角内，离开点辐射源（或辐射源的面元）的辐射通量，单位为 W/sr，如图 1.3 所示。

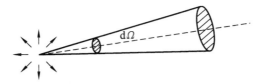

图 1.3 辐射强度的定义

辐射强度的计算公式为

$$I_e = \frac{\mathrm{d}\Phi_e}{\mathrm{d}\Omega} \tag{1-17}$$

如果点辐射源是各向同性的，即其辐射强度在各个方向都一样，则该辐射源在有限立体角内的辐射通量为

$$\Phi_e = I_e \Omega \tag{1-18a}$$

点辐射源向空间所有方向发射的总辐射通量为

$$\Phi_e = 4\pi I_e \tag{1-18b}$$

实际上，一般辐射源是各向异向的，其辐射强度随发射方向的改变而变化，可用极坐标辐射强度表示，即 $I_e = I_e(\varphi, \theta)$。这样点辐射源各整个空间发射的辐射通量为

$$
\begin{aligned}
\Phi_e &= \int I_e(\varphi, \theta) \mathrm{d}\Omega \\
&= \int_0^{2\pi} \mathrm{d}\varphi \int_0^{\pi} I_e(\varphi, \theta) \sin\theta \mathrm{d}\theta
\end{aligned}
\tag{1-18c}
$$

4. 辐射出射度 M_e

如果辐射源为面辐射源，则辐射出射度定义为源表面单位面积向半空间（2π 立体角）内发射的辐射通量，即

$$M_e = \frac{\mathrm{d}\Phi_e}{\mathrm{d}A} \tag{1-19}$$

辐射出射度的单位为 W/m²。由于辐射源面辐射不一定均匀，所以 M_e 通常是源面上位置的函数。

5. 辐射亮度 L_e

辐射亮度定义为辐射源表面一点处的面元在给定方向上的辐射强度除以该面元在垂直于该方向的平面上的正投影面积（称为表观面积），如图 1.4 所示。表达式为

$$L_e = \frac{\mathrm{d}I_e}{\mathrm{d}A\cos\theta} = \frac{\mathrm{d}^2\Phi_e}{\mathrm{d}\Omega\mathrm{d}A\cos\theta} \tag{1-20a}$$

辐射亮度的单位为 W/(sr·m²)。

一般情况下，辐射源表面各处的辐射亮度及向各个方向的辐射亮度都是不相同的，即辐射亮度是位置和方向的函数，因此辐射亮度的一般表达式为

$$L_e(\varphi, \theta) = \frac{\mathrm{d}\Phi_e^2(\varphi, \theta)}{\mathrm{d}\Omega\mathrm{d}A\cos\theta} \tag{1-20b}$$

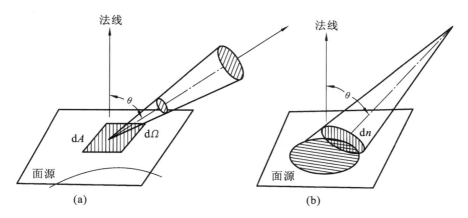

图 1.4　辐射亮度的定义及源的表观面积

(a) 辐射亮度的定义;(b) 源的表观面积

尺寸很大的面辐射源称为扩展源,辐射出射度和辐射亮度是为了描述扩展源的辐射功率在空间和源面上的分布情况而引入的物理量。辐射强度是为了描述尺寸很小的点源的辐射功率在空间不同方向的分布情况而引入的物理量。这里所说的尺寸很大或很小是一个相对的概念,它与观察者的位置有关,或者更进一步说,与它对于观察者(或探测器)所张开的立体角大小有关。例如,距地球非常遥远的一颗恒星,其绝对物理尺寸可能很大,但相对于地球上的观察者所张开的立体角很小,所以完全可以把它看成一个点辐射源。同样的道理,一个光源尽管它的物理尺寸不大,但如果距观察者很近,相对于观察者所张开的立体角很大,那么就应该把它看做扩展源。一般来说,只要观察者的距离比源本身的最大尺寸大 10 倍以上,并且观测装置中不带任何光学系统,这样的辐射源就可看成是点源。采用光学系统观测时,如果辐射源的像比探测器大或者说充满光学系统的视场,则该辐射源为扩展源。

6. 辐射照度 E_e

辐射照度为接收面上单位面积被照射的辐射通量,即

$$E_e = \frac{\mathrm{d}\Phi_e}{\mathrm{d}A} \tag{1-21}$$

辐射照度的单位为 W/m^2。

辐射出射度的表达式和单位与辐射照度的完全相同,但其概念完全不同。前者是描述面辐射源向外发射的辐射特性,而后者是描述辐射接收面上所接收的辐射特性。

7. 光谱辐射能量

实际上,辐射源发射的能量往往是由很多波长的单色辐射组成的,因此上面所引入的辐射量都是波长的函数。为了研究辐射源的各种波长的辐射能量的分布,我们引入光谱辐射量的概念。光谱辐射能量又称辐射量的光谱密度,它是辐射量随波长的变化率。相应的定义为光谱辐射能量,即

$$\Phi_e(\lambda) = \frac{\mathrm{d}\Phi_e}{\mathrm{d}\lambda} \tag{1-22a}$$

光谱辐射能量的单位为 $W/\mu m$ 或 W/nm。

光谱辐射的各物理量之间的关系如下。

光谱辐射强度为

$$I_e(\lambda) = \frac{dI_e}{d\lambda} \qquad (1-22b)$$

光谱辐射出射度为

$$M_e(\lambda) = \frac{dM_e}{d\lambda} \qquad (1-22c)$$

光谱辐射亮度为

$$L_e(\lambda) = \frac{dL_e}{d\lambda} \qquad (1-22d)$$

光谱辐射照度为

$$E_e(\lambda) = \frac{dE_e}{d\lambda} \qquad (1-22e)$$

辐射源的总辐射通量为

$$\Phi_e = \int_0^\infty \Phi_e(\lambda) d\lambda \qquad (1-23)$$

其他辐射量也有类似的关系。

1.2.3 光度学量

如前所述,光度学量是描述电磁辐射中能够引起视觉响应的那部分辐射场(可见光部分)的能量分布,因此光度学量是辐射度量的特例。两种物理量在概念上是相同的,并且一一对应。不同的是辐射度量是对辐射能本身的客观度量,是纯粹的物理量,而光度学量还包括生理和心理等因素的影响。

历史上曾用烛光作为光强度的单位,并把它作为光度学的基本单位。1977 年,国际计量委员会决定用光通量的单位作为光度标准。光通量的单位为流明(lm)。定义波长为 555 nm 的单色光,辐射通量为 0.0015 W 的光通量为 1 lm。之所以选择 555 nm 波长的光,是因为人眼的白昼视觉在这个波长上最灵敏。当然,流明的定义也适用于夜晚情况下的人眼视觉。

光度学量与辐射度量的定义一一对应。为了避免混淆,在光度学量符号上加下标"v",而在辐射度量符号上加下标"e"。表 1.2 给出了辐射度量与光度学量之间的对应关系。

表 1.2　辐射度量和光学度量对照表

辐射度量	符号	定义	单位	光度学量	符号	定义	单位
辐射能量	Q_e		J	光量	Q_v		lm · s
辐射通量(辐射功率)	$\Phi_e(P_e)$	$\frac{dQ_e}{dt}$	W	光通量	Φ_v	$\frac{dQ_v}{dt}$	lm
辐射强度	I_e	$\frac{d\Phi_e}{d\Omega}$	W · sr^{-1}	光强度	I_v	$\frac{d\Phi_v}{d\Omega}$	cd
辐射出度	M_e	$\frac{d\Phi_e}{dA}$	W · m^{-2}	光出射度	M_v	$\frac{d\Phi_v}{dA}$	lm · m^{-2}
辐射照度	E_e	$\frac{d\Phi_e}{dA}$	W · m^{-2}	光照度	E_v	$\frac{d\Phi_v}{dA}$	lx
辐射亮度	L_e	$\frac{d^2\Phi_e}{d\Omega dA\cos\theta}$	W · sr^{-1} · m^{-2}	光亮度	L_v	$\frac{d^2\Phi_v}{d\Omega dA\cos\theta}$	cd · m^{-2}

为了对流明和坎德拉等单位的大小有一些感性认识,表 1.3 列出几种常见光源的亮度,表 1.4 列出若干情况下的照度水平。

表 1.3 几种辐射源的亮度

辐射源	亮度/(cd · m^{-2})
太阳表面	2×10^5
碳弧灯	1×10^4
60 W 除去光泽的白炽灯	9
阴极射线管	5
40 W 白炽灯	0.5
白色发光漆	3×10^{-5}
He-Ne 激光器(10 nW,$d=1$ mm)	7×10^7

表 1.4 几种辐射源产生的照度

辐射源	照度/lx
He-Ne 激光器(10 mW,$d=1$ mm)10 m 外	5×10^5
太阳(处于天顶位置)	1.2×10^5
晴朗天空	1×10^4
阴天	1×10^5
全月(天顶位置)	0.27
无月的阴暗天空	1×10^{-4}
距 60 W 白炽灯 1 m 处	1×10^2

由于光度学量是可见光产生的视觉响应,所以必须弄清人眼的视觉响应。实验证明,辐射功率相同但波长不同的光所引起的视觉响应(即人眼感到的光亮程度)是不相同的。在可见光谱中,人眼对黄绿色的光最敏感,对越靠近光谱两端边界的光,越不敏感。对于可见光谱区以外的光,人眼不能察觉。由于受视觉生理和心理的影响,不同的人对各种波长的光的感光灵敏度是不相同的。因此,国际照明委员会(CIE)根据大量的观察结果,确定了人眼对各种波长的平均相对灵敏度,称光谱视见函数,如图 1.5 所示。图中实线是亮度大于 3 cd/m^2 时的明视觉光谱视见函数,用 $V(\lambda)$ 表示,$V(\lambda)$ 的最大值在 $\lambda = 555$ nm 处;虚线是亮度小于 0.001 cd/m^2 时的暗视觉光谱视见函数,用 $V'(\lambda)$ 表示,$V'(\lambda)$ 的最大值在 $\lambda = 507$ nm 处。图 1.5 给出了明视觉和暗视觉光

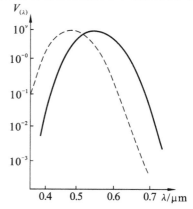

图 1.5 明视觉和暗视觉光谱视见函数值

谱视见函数值。

由于人眼对能量相同、波长不同的可见光所产生的视觉感觉是不同的,光谱通量为$\Phi_e(\lambda)$的可见光辐射所产生的视觉刺激值(即光通量)为

$$\Phi_v(\lambda)=K_mV(\lambda)\Phi_e(\lambda) \tag{1-24}$$

式中:K_m称明视觉最大光视效能,数值等于 683 lm/W,表示人眼对于波长为 555 nm ($V(555)=1$)的光辐射产生光感觉的效能。包含有各种光谱辐射的辐射量,它所产生的光通量为

$$\Phi_v = K_m\int_{390}^{780}V(\lambda)\Phi_e(\lambda)\mathrm{d}\lambda \tag{1-25}$$

同理,其他光度学量也有类似关系,用一般函数可表示为

$$X_v = K_m\int_{390}^{780}V(\lambda)X_e(\lambda)\mathrm{d}\lambda \tag{1-26}$$

光度学量中最基本的单位是坎德拉(Candela),记作 cd,它是国际单位中七个最基本的单位之一。其定义是:频率为 540×10^{12} Hz(对应于空气中 550 nm 的波长)的单色辐射,在给定向上的辐射强度为 $1/683$ W · sr^{-1} 时,在该方向上的发光强度为 1 cd,相应的光通量为 1 lm。

1.3　激光的特性及应用

激光束的特性主要可以从四个方面来概括,即激光的方向性、高亮度、单色性和相干性。

1.3.1　激光的方向性和高亮度

1. 方向性

激光的方向性好,亦即光线的发散度小,是因为从谐振腔发出的只能是经反射镜多次反射后无法显著偏离谐振腔轴线的光波。由于出射孔径上存在衍射现象,就连激光器也根本不能构成发散度为零的理想平行光束。由衍射决定的光线偏离于谐振腔轴线的最小角度,按瑞利公式计算,即

$$\theta_{\min}=1.22\frac{\lambda}{d} \tag{1-27}$$

式中:λ 是波长;d 是辐射面直径。

由于激光束是在空间传播的,因此还应当引入立体角 Ω。如图 1.6 所示,以 O 点为球心,则面积为 s 的一块球面对 O 点所张的立体角 Ω,等于这块面积与球半径 R 的平方之比,即

$$\Omega=\frac{s}{R^2} \tag{1-28}$$

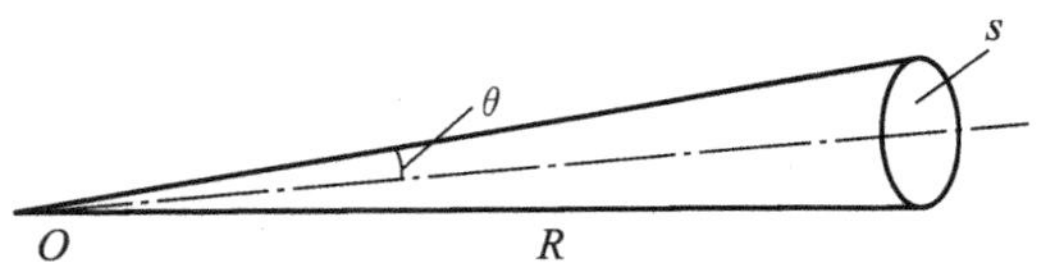

图 1.6　激光光束立体角

因此,整个球面对球心所张的立体角为

$$\Omega = \frac{4\pi R^2}{R^2} = 4\pi$$

而半顶角 θ 很小的圆锥的立体角为

$$\Omega = \frac{\pi(\theta R)^2}{R^2} = \pi\theta^2 \ \text{sr} \tag{1-29}$$

通常,激光的 $\theta = 10^{-3}$ 弧度,立体角为

$$\Omega = \pi \times \theta^2 = \pi \times 10^{-6} \ \text{sr}$$

也就是说,激光束的发散立体角为 10^{-6} 数量级。

而普通光束发散立体角为

$$\Omega = 4\pi \sin^2 \frac{\theta}{2} \ \text{sr}$$

比较二者,显然激光的方向性要好得多。

光束的发散角小,对实际应用具有重要意义。例如,激光照射到月球上,光斑直径也不过 2 km,首次实现了地球到月球的精确测距;而用探照灯,假定强度足够大(实际达不到),照到月球上的光斑直径至少也有几万千米,可以覆盖整个月球,就谈不上在月球表面上的空间分辨了。利用这个特性制成激光测距机和激光雷达,与微波雷达相比,不但测量精度大大提高,而且可以用来成像;用激光进行短距离地面通信,保密性特别强,不易被敌方截获和干扰;利用激光的高方向性发展起来的激光制导武器更是威力无比;利用激光的指向性,在兴修水利、铁路建设、建筑基地等方面也应用得非常广泛。

2. 高亮度

我们通常说 40 W 日光灯比 40 W 普通电灯要亮,这是因为日光灯的发光效率高。电灯又比蜡烛的亮度要高,那么什么是光的亮度呢?

亮度 B 的定义是:令光源发光面积为 Δs,在 Δt 时间内向着它法线方向上的立体角 $\Delta\Omega$ 范围内发出的辐射能量为 ΔE,则光源表面在该方面上的亮度为

$$B = \frac{\Delta E}{\Delta s \Delta t \Delta\Omega} \tag{1-30}$$

式(1-30)表明,B 等于单位面积的光源表面在其法线方向上单位立体角范围内传输出去的辐射功率。其单位是 $\text{W}/(\text{cm}^2 \cdot \text{sr})$。

由式(1-30)可见,发光面积 Δs 及立体角 $\Delta\Omega$ 越小,发光时间 Δt 越短,那么亮度 B 就越高。电灯向四面八方照射,日光灯是侧面照射(日光灯如果加罩则朝下侧面照射),而激光仅仅从一端发射,因此激光器发光面积小,亮度可以比普通光的提高 $100 \sim 1000$ 倍。激光束 $\Delta\Omega$ 可小至 10^{-6} 弧度,相对普通光立体角,激光束的亮度可提高百万倍。脉冲红宝石激光器,发出激光的时间 Δt 约为 10^{-4} s,因此在 Δt 时间内输出辐射能量为 1 J 的功率为

$$P = \frac{W}{\Delta t} = 10^4 \ \text{W}$$

电灯发光时间 Δt 很长,输出功率仅为几十瓦。对激光器而言,如果采取锁模技术,其峰值功率将要提高到平均功率的 m 倍(m 为被锁定的纵模数)。

激光束最有意义的参数是亮度。例如,我们来比较两台激光器,它们具有相同的直径和

输出功率,一台激光器的发散角为 α_1,另一台为 α_2,$\alpha_2 > \alpha_1$。第一个光束在透镜焦点处产生较高的光强度。因为发射的立体角与发散度的平方成正比,故第一个光束比第二个光束亮。由此可见,在透镜焦点处能得到的光强度正比于光束的亮度。因为在大多数应用中,人们感兴趣的是经过透镜聚焦所能得到的光束强度,所以亮度是很重要的量,如图 1.7 所示,简易的共焦透镜装置有 $f_2 < f_1$,可用于减小光束直径,使出射光束的强度大于入射光束的强度。即使出射光束的发散角(约 λ/D_1)比入射光束的发散角(约 λ/D_2)大,而亮度仍保持不变。这一特性说明:当某种光源和一个光学成像系统已给定时,光源的像不可能比原始光源更亮(只要光源和像为同样折射率的媒质所包围,这一点就成立)。

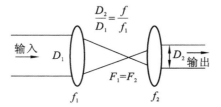

图 1.7　提高平面波强度的方法

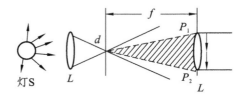

图 1.8　从一个非相干光源获得相干光

激光器亮度比最好的非相干光源的高好几个数量级,这是由于激光束有极好的方向性。例如,有如下两个光源:一台波长 $\lambda \approx 0.63\ \mu m$、输出功率为 1 mW、单模振荡的 He-Ne 激光器和一盏较亮的普通光源——高压汞蒸气灯,在汞灯发射谱线最强的汞线($\lambda = 0.546\ \mu m$,$\Delta\lambda = 0.01\ \mu m$)处,其输出功率均为 100 W,亮度 B 约为 95 W/($cm^2 \cdot sr$)。为获得一个衍射限制的光束,可以采用如图 1.8 所示的装置。这时,发射的立体角 $\Omega = \pi D^2/4f^2$,发射面积 $A = \pi d^2/4$。因为在针孔处光源像的亮度一定,所以输出光束功率至多为

$$P = B\Omega A \approx \left(\frac{\lambda}{4}\right)^2 B = 1.7 \times 10^{-8}\ \text{W} \tag{1-31}$$

式(1-31)中使用了公式 $d = \lambda t/D$。结果表明,它的输出功率要比 He-Ne 激光器的输出功率小五个数量级。从式(1-31)还可以看出,从灯得到的衍射限制功率只与灯的亮度有关。这进一步说明了亮度概念的重要性。

采用如图 1.8 所示的系统,通过调节,来自激光器和汞灯的两束光就可具有相同的空间相干性。为了得到相同的时间相干性,就必须在图 1.8 所示的装置中插入一块滤光器,只让与 He-Ne 激光器振荡带宽 $\Delta\nu_{osc}$ 相等的极窄频带通过。设 $\Delta\nu_{osc} \approx 500$ Hz,而我们所考虑的汞灯线宽 $\Delta\nu = 10^{13}$ Hz,所以第二个步骤将使输出功率进一步下降 10 个数量级以上($P \approx 10^{-18}$ W)。注意,最初从灯发出的功率是 100 W,这也表明用非相干光源产生干涉现象(它要求光源有好的相干性)是何等的困难。

在前面已指出,描述光源特性可用光子简并度的参量表示。若设激光器的单模输出功率为 P,则每秒内在此模中产生的光子数为 $P/h\nu$。光子在腔内的寿命 $\tau_R \approx 1/\Delta\nu_s$,其中 $\Delta\nu_s$ 为激光线宽。所以腔内处于单模内的光子数即光子简并度可表示为

$$\bar{n} = \frac{P}{h\nu}\tau_R = \frac{P}{h\nu\Delta\nu_s}$$

普通光源在光波段的光子简并度极小(10^{-3} 数量级),而激光器却可以轻易地产生很高的单模功率或光子简并度(10^{17} 数量级)。

1.3.2　激光的单色性和时间相干性

1. 单色性

单色性定义为光源发出的光强度按频率(或波长)分布曲线狭窄的程度,通常用频谱分布的宽度(即线宽)描述。线宽越窄,光源的单色性越好,这是激光获得广泛应用的物理基础之一。

激光器所发出的激光具有其他光源的光所难达到的极高的单色性,这是由于构成激光谐振腔的反射镜具有波长选择性,并且利用原子固有能级跃迁的结果。激光是受激发射的,它的频率宽度很窄。例如,He-Ne 激光器所辐射的 $0.6328\ \mu m$ 波长的多普勒宽度按半宽度计算为 1700 MHz,$\Delta\lambda < 10^{-11}\ \mu m$。单模激光器的相对谱线宽度 $\Delta\lambda/\lambda$ 为 $10^{-11}\sim 10^{-12}$ 数量级。而 $\lambda = 0.6438\ \mu m$ 的红镉线,$\Delta\lambda \approx 0.000001\ \mu m$,$\Delta\lambda/\lambda = 1.4\times 10^{-6}$。$\lambda = 0.6057\ \mu m$ 的氪$_{-86}$线,$\Delta\lambda \approx 0.47\times 10^{-6}\ \mu m$,$\Delta\lambda/\lambda = 8\times 10^{-7}$。可见 He-Ne 激光的单色性比镉红线、氪$_{-86}$线的好得多。激光的相干时间 Δt 和单色性 $\Delta\nu$ 有密切关系:$\Delta\nu = 1/\Delta t$,即单色性越高,相干时间就越长。对于单横模(TEM$_{00}$)激光器,其单色性取决于它的纵模结构和模式的频带宽度。如果激光器在多个纵模振荡,则激光由多个相隔 $\Delta\nu_q$ 的不同频率的光所组成,故单色性较差。

如果激光器为单纵模振荡,则其单色性应该是有源腔的模式频带宽度。由激光器的线宽极限可知,单纵模激光器具有不为零的频带宽度 $\Delta\nu_s$,且

$$\Delta\nu_s = 2\pi h\nu_0\frac{(\Delta\nu_e)^2}{P_0}\left(\frac{N_2}{N_2-N_1}\right) \tag{1-32}$$

式中:P_0 为单模输出功率。例如,$P_0 = 1$ mW 的 He-Ne 激光器,取 $\sigma = 0.01$,$L = 1$ m,则 $\Delta\nu_s \approx 5\times 10^{-4}$ Hz,这显然是极高的单色性。但式(1-32)是单纵模的激光器线宽理论极限,实际上很难达到。在实际的激光器中,有一系列不稳定因素(如温度、振动、气流、激励等)导致光腔谐振频率 ν_{00s} 的不稳定,即使采用最严格的稳频措施,这种频率不稳定性也大大超过由式(1-32)所确定的线宽极限。因此,实际的单纵模激光器的单色性主要由频率稳定性决定。

单模稳频气体激光器的单色性最好,一般可达 $10^3\sim 10^6$ Hz,在采用了最严格的稳频措施的条件下,曾在 He-Ne 激光器中观察到约 2 Hz 的带宽。固体激光器的单色性较差,主要是因为工作物质的增益曲线很宽,故很难保证单纵模工作。半导体激光器的单色性虽然比普通光的好,但因半导体的特殊电子结构,受激复合辐射发生在许多子能级组成的导带与价带之间,故激光线宽比气体激光器和固体激光器的要宽得多,其单色性也最差。

所以,激光器单模工作状态和高度的稳频对于提高激光的单色性是十分重要的,一个稳频的 TEM$_{00}$单纵模激光器发出的激光,可接近于理想的单色平面光波。

2. 时间相干性

激光是将高亮度和相干性理想结合的强相干光,正是激光的出现,才使相干光学的发展获得了新的生机。

相干性分为时间相干性和空间相干性两类。所谓时间相干性,是指空间上同一点的两个不同时刻的光场振动是完全相关的,有确定的相位关系。

迈克耳逊(Michelson)的干涉实验是利用分振幅的办法取得两个相干光束的,是反映时

间相干性的典型实验(见图 1.9)。从光源发出一束稳定的光,经过迈克耳逊干涉仪分成两束。两路光之间的光程差 $\Delta = c\Delta t$,然后又重新会合到屏幕上,形成干涉条纹。条纹的明暗取决于 $\Delta = 2m\dfrac{\lambda}{2}$ 或 $(2m+1)\dfrac{\lambda}{2}$,条纹的清晰度取决于光源的谱线宽度,即单色性。如果光源是纯单色的,则对于任意长的光程差,上述干涉效应都存在。但是,理想的单色光源是不存在的,实际光源都不是单色光源,它包含一定的波长宽度 $\Delta\lambda$(或频宽 $\Delta\nu$)。$\Delta\lambda$ 范围内每一种波长的光都各自生成一组干涉条纹,彼此间有一定的错位,因而各组条纹叠加的结果将使干涉条纹变得模糊,使其清晰度变差,这样干涉效应只能在有限的光程差范围内明显出现。

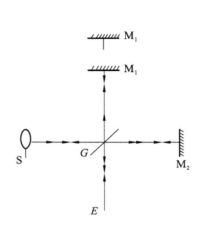

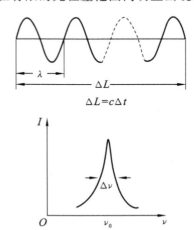

图 1.9　迈克耳逊干涉实验示意图　　　**图 1.10　单个原子发出的光波波列及其频谱**

普通光源的振子发光过程,都是在一定时间间隔内进行的,每个原子发出的光波是由持续一段时间 Δt 或在空间占有长度 $c\Delta t$ 的波列,如图 1.10 所示。对原子谱线来说,Δt 即为原子的激发态寿命($\Delta t \approx 10^{-8}$ s)。对波列进行频谱分析,就得到它的频宽

$$\Delta\nu \approx \frac{1}{\Delta t}$$

$\Delta\nu$ 可作为光源单色性的量度。

$$\tau_c = \Delta t \cong \frac{1}{\Delta\nu} \tag{1-33}$$

τ_c 定义为光的相干时间,它的物理含义是,在空间同一点上,时间间隔处于区间 $|t_2 - t_1| < \tau_c$ 之内的光波场都是明显相干的。所以,相干时间可作为时间相干性的定量描述。由式 (1-33) 可见,相干时间与光谱频宽成反比,频宽越窄,即单色性越好,则相干时间越长,时间相干性就越好。由同一点光源发出的光信号 $E(t)$ 和 $E(t+\Delta t)$,当时间间隔 $\Delta t > 1/\Delta\nu$ 时,将是不相干的了。

与相干时间相应的光程长度为

$$L_c = c\tau_c = \frac{c}{\Delta\nu} \tag{1-34}$$

称为相干长度。对原子谱线的自然宽度而言,$\tau_c = 10^{-8}$ s,相应的相干长度为 $L_c \approx 300$ cm。当光束间的程差超过这个数值时,干涉条纹将消失,即这两束光不再相干了。但对 He-Ne 激

光器产生的 $\lambda=632.8$ nm 的激光而言,从理论上说,相干长度可达几十千米。

　　时间相干性与单色性有密切关系。例如,波的单色性越好,它的时间相干性就越高,故相干时间必定反比于振荡带宽。

1.3.3　激光的空间相干性

　　空间相干性,是指在光束整个截面内任意两点间的光场振动有完全确定的相位关系。换个通俗的说法,即将一束光分成两束,并让它们传播不等的路径(相当于经历不同的时间),然后再将它们会合于空间同一点,如果在会合区域出现干涉条纹,则说明在这一时间间隔内它们是相干的,将能产生干涉条纹的最长时间间隔称为这束光的相干时间。显然,相干时间越长,时间相干性就越好。同样,在光束截面上用不同距离的两个小孔取出两束光,将它们会合,能产生干涉条纹的最大区域(面积)称为这束光的相干面积。相干面积越大,则空间相干性越好。

　　杨氏(Young)双缝干涉实验是用分波阵面的办法取出两个相干光束的(见图 1.11),是反映空间相干性的典型实验。这个实验表明,干涉条纹的清晰度取决于扩展光源的尺寸。

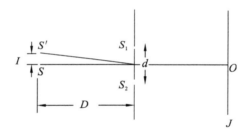

图 1.11　双缝干涉实验示意图

　　设扩展光源 δ 上的一点 S 发出的光,经过狭缝 S_1 和 S_2 之后,投射到屏幕上叠加产生干涉条纹,这就是在同一时刻空间两点 S_1 和 S_2 光波场的相干性,即空间相干性。为简单起见,研究屏幕上 O 点附近的范围。从 S_1 和 S_2 出来的球面波是相干的(来自同一点光源),并且到达 O 点的光程是相等的,因而在 O 点是相长干涉,O 点是亮点。在扩展光源 δ 上的另一点 S' 发出的光,同样在屏幕上产生干涉条纹。S 和 S' 产生的这两组干涉条纹间距相等,但彼此有错位,它们叠加的结果将会使干涉条纹的对比度变差,甚至模糊不清,以致干涉条纹消失。干涉条纹对比度变差的程度取决于 S' 到 O 点的光程差 $\Delta=S'S_2-S'S_1$。若 S_2 与 S_1 两点满足

$$\Delta=S'S_2-S'S_1=\frac{1}{2}\lambda \tag{1-35}$$

则在 O 点出现相消干涉,O 点是暗点,这时 S' 在屏幕上产生的干涉条纹与 S 点的干涉条纹位错半个条纹。这时两组干涉条纹叠加的结果将使干涉条纹消失。

　　由此可见,欲使屏幕上的干涉场图清晰,必须限制扩展光源 δ 的尺寸,使光程差为

$$\Delta=S'S_2-S'S_1<\frac{\lambda}{2} \tag{1-36}$$

这样,δ 上各点发出的光在屏幕上所呈现的干涉条纹虽然并不完全重合,但是相对位错距离要比亮纹刚好叠在暗纹上的位错距离小,因而,叠加的结果纵然会使干涉条纹的清晰度变

坏,但也不致变得模糊不清。显然,当光程差满足式(1-36)时,屏幕上将呈现清晰的干涉条纹。特别是在点光源的理想情况下,干涉条纹的对比度最好,即

$$\Delta = S'S_2 - S'S_1 \ll \frac{\lambda}{2} \tag{1-37}$$

现在假定 $SS' = l$,$S_1S_2 = d$,光源到达双缝之间的距离为 $D(D \gg d_1, D \gg l)$,则有

$$S'S_2 = \left[D^2 + \left(\frac{d}{2} + l \right)^2 \right]^{\frac{1}{2}}$$
$$\approx D + \frac{1}{2D} \left(\frac{d}{2} + l \right)^2 \tag{1-38}$$

$$S'S_1 = \left[D^2 + \left(\frac{d}{2} - l \right)^2 \right]^{\frac{1}{2}}$$
$$\approx D + \frac{1}{2D} \left(\frac{d}{2} - l \right)^2 \tag{1-39}$$

于是,有

$$\Delta = S'S_2 - S'S_1 \approx \frac{ld}{D} \tag{1-40}$$

若光程差满足式(1-36),即 $\Delta = \lambda/2$,则

$$l \approx \frac{\lambda D}{2d} \tag{1-41}$$

可以认为,在

$$l < \frac{D}{d}\lambda \tag{1-42}$$

的条件下,由独立点光源组成的扩展光源将在屏幕上呈现可见的干涉条纹,因而扩展光源具有相干性。在

$$l \ll \frac{D}{d}\lambda \tag{1-43}$$

的情形下,屏幕上将出现清晰的干涉条纹,这时扩展光源具有很好的相干性。等价地,对于给定线度为 l 的扩展光源,当衍射屏的双缝 S_1 和 S_2 的距离 d 满足 $d \ll \frac{D}{l}\lambda$ 时,屏幕上的干涉条纹将具有好的对比度。如果引进 θ 表示点光源 S 对双缝的张角 d/D 或者双缝中点对扩展光源的张角 I/D,则空间相干性的条件可表示为

$$d < \frac{D}{l}\lambda \tag{1-44}$$

$$l < \frac{\lambda}{\theta} \quad 或 \quad d < \frac{\lambda}{\theta} \tag{1-45}$$

相反地,在 $l \geqslant \frac{\lambda}{\theta}$ 或 $d \geqslant \frac{\lambda}{\theta}$ 的情况下,由扩展光源发出的光通过狭缝 S_1 和 S_2 时不再具有空间相干性。将

$$d_{\mathrm{t}} = \frac{\lambda}{\theta} \tag{1-46}$$

称为横向相干长度,而将

$$A_c = d_t^2 = \left(\frac{\lambda}{\theta}\right)^2 = \left(\frac{\lambda D}{l}\right)^2 \tag{1-47}$$

定义为距离光源 D 处的**相干面积**。

为简单起见,令光源面积 $\sigma = l^2$,于是有

$$\sigma < \left(\frac{\lambda}{\theta}\right)^2 \tag{1-48}$$

式(1-48)的物理含义是,如果要求传播方向限于张角 θ 之内的光波是相干的,则光源面积必须小于 $(\lambda/\theta)^2$,或者说,只有从面积小于 $(\lambda/\theta)^2$ 的面光源上发出的光波才能保证张角在 θ 之内的双缝具有相干性。因此,$(\lambda/\theta)^2$ 就是**光源的相干面积**。

1.4　思考与练习题

1. 简述光度学量的物理含义,并写出其包括的物理量。

2. 简述光出射度与光照度的区别。

3. 什么叫空间相干性和时间相干性?光的相干性能的好坏分别用什么衡量?它的意义是什么?

4. 用目视观察发射波长分别为 435.8 nm 和 546.1 nm 的两个发光体,它们的亮度相同,均为 3 cd/m²。如果在这两个发光体前分别加上透射率为 10^{-4} 的光衰减器,试问目视观察的亮度是否相同?为什么?

5. 为了使 He-Ne 激光器的相干长度达到 1 km,它的单色性 $\Delta\lambda/\lambda_0$ 应是多少?

6. 一只白炽灯泡,假设向各个方向发光均匀,悬挂在离地面 1.5 m 处的空中,用照度计测得正下方地面处的照度为 30 lx,求该白炽灯泡的光通量。

7. 一只 He-Ne 激光器发出的激光功率为 2 mW,激光束的平面发散为 10^{-3} rad,激光放电毛细管直径为 1 mm。求:

   (1) 该激光束的光通量 Φ_v、发光强度 I_v、光亮度 L_v 和光出射度 M_v;

   (2) 若激光束投射到 10 m 外的白色漫反射屏上,该反射屏的反射率为 0.85,求该屏上的光亮度 L'_v。

第 2 章

激光产生的基本原理

2.1 光的自发辐射、受激吸收和受激辐射

2.1.1 原子的能级

物质是由原子、离子或分子组成的。

原子由一个带正电荷的原子核和若干个带负电荷的电子组成,原子核所带正电荷与各个电子所带负电荷的总和在数值上相等。因此,整个原子呈现电中性。不同元素的原子,它们所具有的电子数目不同。

原子内部若少了电子则会变成正离子,例如,氩原子少一个电子变成氩离子 Ar^+;反之,原子内部若多了电子就会变成负离子。

一般来讲,原子内部各个电子既绕着原子核作轨道运动,又作自旋运动。对于每一种运动状态来说,原子具有确定的内部能量值。原子所具有的内部能量值,一般是不连续的。原子的每一个内部能量值,称为原子的一个能级。同一元素的原子,能级的分布情况是相同的。

原子的两个能级 E_1 和 E_2 如图 2.1 所示,图中的纵坐标表示原子的内部能量值大小。习惯上,我们将能量值大的能级称为高能级,能量值小的能级称为低能级。原子的最低能级称为基能级,原子具有基能级时所处的状态称为基态。能量比基能级能量大的其他能级,均称为激发能级,原子处于激发能级时的状态称为激发态。当同一能量对应于两个或多个状态时,称能级是简并的,对应的状态数称为简并度。

在热平衡情况下,绝大多数原子处于基态。

这是因为处于不同能级的原子数,服从玻尔兹曼分布

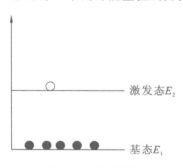

图 2.1 原子的能级

$$N = C(T)g e^{-E/kT} \qquad (2\text{-}1)$$

式中:k 为玻尔兹曼常数;T 为热力学温度;g 为能级简并度(或统计权重),表示处于能级 E 的原子可能有的状态数;N 为原子数密度;$C(T)$ 是 T 的某一函数。

由式(2-1)可得

$$\frac{N_2}{N_1}=\frac{g_2}{g_1}\mathrm{e}^{-(E_2-E_1)/kT} \tag{2-2}$$

由于 $E_2>E_1$，一般地 $N_2<N_1$；若能级 E_2 离能级 E_1 较远，则有 $N_2\ll N_1$，即在热平衡状态下，大多数原子处于基态。

原子从一个能级过渡到另一个能级，称为跃迁。跃迁有两种：一种是辐射跃迁；另一种是无辐射跃迁。

原子由于发射或吸收光子而从一个能级过渡到另一个能级，称为辐射跃迁。

具体来讲，一个处于高能级 E_2 的原子，发射一个能量为

$$\varepsilon=h\nu=E_2-E_1$$

的光子，结果这个原子回到低能级 E_1。反之，一个处于低能级 E_1 的原子，从外界吸收一个能量为

$$\varepsilon=h\nu=E_2-E_1$$

的光子，结果这个原子激发到高能级 E_2。

只有在两个能级满足所谓辐射跃迁选择定则的情况下，原子才能够在这两个能级间产生辐射跃迁。并非任何两个能级之间都可以产生辐射跃迁，换句话说，原子发射或吸收光子，只能出现在某些特定的能级之间。

如果原子只是通过与外界碰撞的过程或其他与外界进行能量交换的过程而从一个能级改变到另一个能级，既不发射也不吸收光子，则称为无辐射跃迁。例如，在一个气体放电管中，处于低能级 E_1 的原子，通过与其他原子或自由电子相碰撞，就有可能从外界获得能量而激发到高能级 E_2；反之，处于高能级 E_2 的原子，通过与其他原子或管壁相碰撞，也有可能把能量传递给外界而回到低能级 E_1。在这一类过程中，原子只是通过与外界碰撞而改变其内部能量值，完全与吸收或发射光子无关。

处于激发态的原子，总是要通过各种辐射跃迁或无辐射跃迁过渡到比原来能级低的能级，所以原子在激发态只能停留有限的时间。原子在激发态停留时间的平均值称为激发态的平均寿命。设 $A\mathrm{d}t$ 为原子在时间间隔 $\mathrm{d}t$ 内离开原来所处状态的几率，若 A 为一常数，则原子将按指数律减少，即

$$N(t)=N_0\mathrm{e}^{-At} \tag{2-3}$$

因而原子在 $t\sim(t+\mathrm{d}t)$ 内离开原来能级的数目为 $AN_0\mathrm{e}^{-At}\mathrm{d}t$，从而求出原子停留在激发态的平均寿命为

$$\tau=\frac{1}{N_0}\int_0^\infty AN_0\mathrm{e}^{-At}\mathrm{d}t=\frac{1}{A} \tag{2-4}$$

由式(2-4)可见，原子处于激发态的平均寿命等于跃迁几率的倒数。

如果处于高激发态的原子同时各自独立地向各较低激发态或基态跃迁，各跃迁过程所对应的寿命为 $\tau_1,\tau_2,\cdots,\tau_n$，则原子处于高激发态的平均寿命为

$$\frac{1}{\tau}=\frac{1}{\tau_1}+\frac{1}{\tau_2}+\cdots+\frac{1}{\tau_n} \tag{2-5}$$

原子处于激发态的平均寿命一般为 $10^{-9}\sim10^{-7}$ s。

如果原子的某些激发能级与比原来能级低的能级之间只能有很弱的(或几乎没有)辐射

跃迁,则它的平均寿命很长(如可达 10^{-3} s 或更长),这种激发能级称为亚稳能级,相应的激发态称为亚稳态。

2.1.2　爱因斯坦系数

爱因斯坦在光量子论基础上,对黑体辐射能量密度分布函数重新进行了推导,同样导出普朗克公式。在这个推导过程中,爱因斯坦引进了自发辐射系数、受激辐射系数和受激吸收系数的概念,把辐射与物质相互作用分为自发辐射、受激辐射和受激吸收三个过程。

爱因斯坦的模型是,假定参与相互作用的物质原子只有两个能级,即能级 E_2 和能级 E_1,由高能级 E_2 向低能级 E_1 跃迁,放出光子,其能量为 $h\nu = E_2 - E_1$;由低能级 E_1 向高能级 E_2 跃迁,吸收能量为 $h\nu$ 的光子。

2.1.3　光的自发辐射

为简单起见,假设参与相互作用的原子只有两个能态,分别具有能量 E_2 和 E_1,并且 $E_2 > E_1$。实际上,任何原子系统都是复杂的多能级系统。

在没有外来光辐射作用的情况下,处在高能级 E_2 的原子可以自发地向低能级 E_1 跃迁,这种过程称为自发跃迁,跃迁的同时发射一个能量为 $h\nu = E_2 - E_1$ 的光子,称为自发辐射,如图 2.2(a)所示。

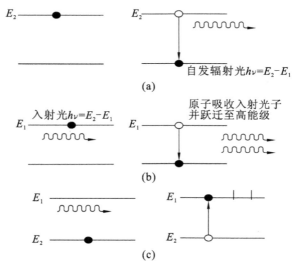

图 2.2　光的自发辐射示意图
(a) 原子自发辐射;(b) 受激辐射;(c) 受激吸收

设单位时间内处在能级 E_2 上的原子数为 N_2,在 dt 时间内由能级 E_2 自发跃迁到能级 E_1 的原子数为 dN_2,则

$$dN_2 = -A_{21} N_2 dt \tag{2-6}$$

式中:A_{21} 为自发跃迁几率。A_{21} 前的负号表示能级 E_2 上的原子数 N_2 是减少的。自发跃迁几率的定义是,单位时间内处于高能级上的 N_2 个孤立原子(忽略原子间的相互作用)中发生自

发跃迁的原子数与 N_2 的比值,即

$$A_{21} = \left| \frac{\mathrm{d}N_2}{\mathrm{d}t} \right| \frac{1}{N_2} \qquad (2\text{-}7)$$

自发跃迁过程只与原子本身的性质有关,与外界辐射无关。因此,A_{21} 只取决于原子本身的性质。自发跃迁几率 A_{21} 又称爱因斯坦 A 系数。

求解式(2-6)可得 N_2 随时间变化而变化的表达式为

$$
\begin{aligned}
N_2(t) &= N_{20} \exp(-A_{21}t) \\
&= N_{20} \exp(-t/\tau_{21})
\end{aligned}
\qquad (2\text{-}8)
$$

式中:N_{20} 是 $t=0$ 时处在能级 E_2 上的初始原子数;$\tau_{21}=1/A_{21}$,是 N_{20} 个原子在能级 E_2 上的平均寿命,在数值上等于 N_{20} 个原子因自发跃迁而减少到原来的 $1/e$ 所需的时间。对于孤立原子,A_{21} 通常为 $10^8/\mathrm{s}$,因此原子在能级 E_2 上的平均寿命为 10^{-8} s 数量级。

对于大量处于激发态的原子来说,各个独立的自发辐射间是彼此无关的,即各自独立的自发辐射光波间没有固定的相位关系,偏振方向和传播方向也是杂乱无章的。由于一般原子能级是多能级系统,自发辐射光的频谱范围也很宽,所以自发辐射光是无序光,即所谓的"Chaotic"光。普通光源发射的光是自发辐射光。

2.1.4　光的受激辐射和受激吸收

1. 受激辐射

当原子系统与外界电磁辐射相互作用时,处于高能级 E_2 上的原子在频率为 $\nu=(E_2-E_1)/h$ 的辐射的作用下,可受激地从能级 E_2 向能级 E_1 跃迁,同时发射一个能量为 $h\nu$ 的光子,如图 2.2(b)所示,这种过程称为受激跃迁,由受激跃迁发射的光子称为受激辐射。这里要指出的是,受激辐射不仅与外来辐射的频率相同,而且位相、偏振态和传播方向均相同,就是说两者完全是相干的。

在 $\mathrm{d}t$ 时间内,从高能级受激跃迁到低能级的原子数可写为

$$\mathrm{d}N_2 = -B_{21}N_2 u(\nu)\mathrm{d}t \qquad (2\text{-}9)$$

式中:B_{21} 是受激辐射系数;$u(\nu)$ 是入射的单色辐射场能量密度。这表明,受激辐射是与自发辐射在本质上完全不同的两种物理过程,后者只与原子的性质有关,而前者不仅与原子的性质有关,而且还与外界辐射场的能量密度有关。如果令

$$W_{21} = B_{21}u(\nu) \qquad (2\text{-}10)$$

则式(2-9)可以写成

$$\mathrm{d}N_2 = -W_{21}N_2\mathrm{d}t \qquad (2\text{-}11)$$

式中:W_{21} 为受激辐射跃迁几率,其定义类似于 A_{21},即

$$W_{21} = \left| \frac{\mathrm{d}N_2}{\mathrm{d}t} \right| \cdot \frac{1}{N_2} \qquad (2\text{-}12)$$

解式(2-11),可得在能级 E_2 上的原子数随时间变化而变化的表达式为

$$N_2(t) = N_{20}\exp(-W_{21}t) \qquad (2\text{-}13)$$

式(2-10)中受激辐射系数 B_{21} 又称为受激辐射跃迁爱因斯坦系数或爱因斯坦 B 系数。

受激辐射跃迁的概念是爱因斯坦在 1917 年首先提出的,当时并未引起广泛的注意,直到

20 世纪 50 年代,这一概念才被应用,促成了激光器的发明,促进了量子电子学的发展。

2. 受激吸收

处在低能级 E_1 的原子,受到能量为 $h\nu = E_2 - E_1$ 的电磁辐射的作用而跃迁到高能级 E_2 的过程称为受激吸收。跃迁的同时吸收一个频率为 $\nu = (E_2 - E_1)/h$ 的光子。受激吸收跃迁是受激辐射跃迁的逆过程,如图 2.2(c)所示。类似于式(2-12),受激吸收跃迁几率为

$$W_{12} = \left| \frac{dN_1}{dt} \right| \frac{1}{N_1} \tag{2-14}$$

式中:W_{12} 可写为

$$W_{12} = B_{12} u(\nu) \tag{2-15}$$

2.1.5 自发辐射、受激吸收和受激辐射的关系

实际上,当光辐射与物质相互作用时,自发辐射、受激吸收和受激辐射这三个过程是同时存在的,A_{21}、B_{12} 和 B_{21} 三系数之间有着十分简单而又重要的关系。爱因斯坦利用热力学体系的平衡条件建立了三个系数间的关系。

设想温度为 T 的热平衡空腔中充有大量的某一种原子。空腔中存在单色辐射能量密度 $\rho(\nu, T)$ 的辐射场,这种辐射场对原子系统而言就是外来的辐射。因此,处在空腔中的原子除了自发辐射外,还将在辐射场感应下发生受激吸收和受激辐射。

设处于能级 E_2 和能级 E_1 的原子数密度分别为 N_2 和 N_1,则单位体积内总的辐射率为

$$[A_{21} + B_{21}\rho(\nu, T)]N_2$$

总的吸收率为

$$B_{12}\rho(\nu, T)N_1$$

在热平衡情况下,发射率与吸收率应相等,即单位时间内原子系统发射的光子数,应等于同时间内原子系统吸收的光子数,这时辐射场的总光子数保持不变,辐射的光谱能量密度保持不变。于是有

$$[A_{21} + B_{21}\rho(\nu, T)]N_2 = B_{12}\rho(\nu, T)N_1 \tag{2-16}$$

考虑到玻尔兹曼分布律

$$\frac{N_2}{N_1} = \frac{g_2}{g_1} e^{-(E_2 - E_1)/kT} = \frac{g_2}{g_1} e^{-h\nu/kT} \tag{2-17}$$

则可由式(2-16)求出

$$\rho(\nu, T) = \frac{A_{21}/B_{21}}{\dfrac{g_1}{g_2} \cdot \dfrac{B_{12}}{B_{21}} e^{h\nu/kT} - 1} \tag{2-18}$$

将此结果与普朗克公式比较便可得到

$$\frac{g_1}{g_2} \cdot \frac{B_{12}}{B_{21}} = 1$$
$$\frac{A_{21}}{B_{21}} = \frac{8\pi\nu^2}{c^3} h\nu \tag{2-19}$$

这就是所求的爱因斯坦三系数间的关系,称为爱因斯坦关系式。对于能级为非简并的情况,或上、下能级 E_2 和 E_1 具有相同的简并度时,$g_1 = g_2$,则式(2-19)变成

$$B_{12} = B_{21}$$

$$\frac{A_{21}}{B_{21}} = \frac{8\pi\nu^2}{c^3} h\nu$$

2.2 谱线的增宽

2.2.1 光谱线、线型和光谱线宽度

在过去的讨论中,总是认为原子的能级是无限窄的,因而在上能级 E_2 与下能级 E_1 之间跃迁产生的辐射是单色光,即它的全部功率都集中在一个单一的频率 $\nu = \dfrac{E_2 - E_1}{h}$ 上。然而实际情况并非如此,由于原子能级具有一定的宽度,自发辐射并不是单色的,而是分布在中心频率 $\dfrac{E_2 - E_1}{h}$ 附近一个很小的频率范围内,形成的光谱线有一定的宽度。

由于谱线增宽,自发辐射功率 $I = N_2 A_{21} h\nu$ 不再集中在频率 $\dfrac{E_2 - E_1}{h}$ 上,而应表示为频率的函数 $I(\nu)$,如图 2.3(a)所示。为了区别变数和中心频率,将中心频率 $\dfrac{E_2 - E_1}{h}$ 记为 ν_0。$I(\nu)$ 描述自发辐射功率按频率的分布,即在总功率 I_0 中,分布在 $\nu \sim (\nu + \mathrm{d}\nu)$ 范围内的功率为 $I(\nu)\mathrm{d}\nu$,而总功率为

$$I_0 = \int_{-\infty}^{\infty} I(\nu) \mathrm{d}\nu \tag{2-20}$$

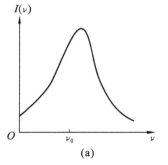
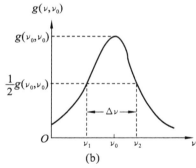

图 2.3 自发辐射的频率分布和谱线的线型函数

(a) 自发辐射的频率分布;(b) 谱线的线型函数

现在引进谱线的线型函数 $g(\nu, \nu_0)$,它定义为

$$g(\nu, \nu_0) = \frac{I(\nu)}{I_0} = \frac{I(\nu)}{\displaystyle\int_{-\infty}^{\infty} I(\nu)\mathrm{d}\nu} \tag{2-21}$$

线型函数 $g(\nu, \nu_0)$ 如图 2.3(b)所示,式(2-21)可写成

$$I(\nu) = I_0 g(\nu, \nu_0) \tag{2-22}$$

根据式(2-20)和式(2-21),有

$$\int_{-\infty}^{\infty} g(\nu, \nu_0) \mathrm{d}\nu = 1 \qquad (2\text{-}23)$$

式(2-23)称为线型函数的归一化条件。

由图 2.3 可知,线型函数在 $\nu = \nu_0$ 处有最大值 $g(\nu, \nu_0)$。若 $\nu = \nu_1$ 或 $\nu = \nu_2$,线型函数下降至最大值的一半,则频率间隔 $\Delta\nu = \nu_2 - \nu_1$ 称为光谱线的半值宽度,简称为谱线的宽度。

2.2.2　光谱线的自然增宽

在讨论自发辐射和受激辐射时认为,原子从高能级向低能级跃迁的同时发射单频率的光子,即发射单色光。事实并非如此,发射的光并不是纯粹的单色光。光的谱线具有一定宽度,如图 2.4 所示。图中,ν_0 是谱线的中心频率,辐射光强度在 ν_0 处最强。定义辐射光强度下降到最大光强度一半时所对应的频率间范围为光谱线的宽度。

光谱线之所以具有一定的宽度,是因为原子的能级具有一定的宽度。考虑到这一点后,当原子在能级 E_2 和能级 E_1 间跃迁时所发射的光谱线就有一定的宽度,这就是所谓的光谱线增宽,表示光谱线轮廓的函数称为线型函数。引起谱线增宽的因素有多种,下面介绍几种谱线增宽的机理和规律。

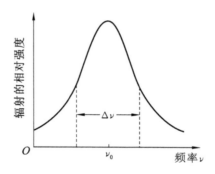

图 2.4　辐射谱线的形状

光谱线的自然增宽是微观粒子满足测不准原理的必然结果。根据测不准原理,处在激发态的原子能量是不确定的,即激发态能级具有一定的宽度 ΔE_2。原子在激发态具有有限的寿命 τ,ΔE_2 和 τ 应满足测不准原理,即

$$\Delta E_2 \tau \leqslant h/2\pi \qquad (2\text{-}24)$$

式(2-24)表明,处于激发态的原子的能量和寿命不能同时确定。当原子在激发态有一个有限的、确定的寿命时,原子的能量就是不确定的,只能有一个能量范围。这样,当原子从高能态向低能态跃迁时,辐射光的谱线就不可能是单一的,而是具有一定的谱线的宽度。这种增宽是必然的,对于任何微观粒子(原子、分子或离子等)都是一样的,称为自然增宽。由式(2-24)可得到光谱线的自然增宽为

$$\Delta\nu_N = \frac{\Delta E_2}{h} = \frac{1}{2\pi\tau} \qquad (2\text{-}25)$$

式中:τ 是原子处在激发态的平均寿命。我们还可以从经典的电磁理论得到同样的结论。

根据自发辐射理论,一个原子从高能级 E_2 向低能级 E_1 跃迁的同时,发射一个频率为 $\nu_0 =$

$(E_2-E_1)/h$ 的光子。由式(2-8)与式(2-6)可知，t 时刻原子自发跃迁的速率为

$$-\frac{\mathrm{d}N_2}{\mathrm{d}t}=A_{21}N_2(t)=N_{20}A_{21}\mathrm{e}^{-A_{21}t}$$

所以，t 时刻自发跃迁辐射光强为

$$I=h\nu_0 A_{21}N_2(t)=N_{20}A_{21}h\nu_0\mathrm{e}^{-A_{21}t} \tag{2-26}$$
$$=I_0\mathrm{e}^{-A_{21}t}$$

式中：$I_0=N_{20}A_{21}h\nu_0$，是 $t=0$ 时的光强。

由此可见，光辐射的强度是随时间的增加而迅速衰减的。因为 $I\propto E\cdot E^*$（这里 E 表示光波的电场，E^* 表示光波电场的共轭），所以从式(2-26)可以写出自发辐射电场 $E(t)$ 的表达式为

$$E(t)=E_0\exp\left(-\frac{A_{21}}{2}t\right)\exp(-i2\pi\nu_0 t) \tag{2-27}$$

对式(2-27)作傅里叶变换，有

$$E(\nu)=\int_0^\infty E(t)\exp(-i2\pi\nu t)\mathrm{d}t$$
$$=\frac{E_0}{\frac{A_{21}}{2}-i2\pi(\nu-\nu_0)} \tag{2-28}$$

$$I(\nu)\propto E\cdot E^*=\frac{E_0^2/4\pi^2}{(\nu-\nu_0)^2+\left(\frac{A_{21}}{4\pi}\right)^2} \tag{2-29}$$

式(2-29)说明，自发辐射的光不是单色的，而是频率分布在 ν_0 附近一个频率范围内的复色光。这个结论与实验观测的结果是一致的。

图 2.5(a)所示为自发辐射光电场的振荡变化，其包络线表明光电场的振幅随时间的增加按指数律迅速衰减。图 2.5(b)所示是自发辐射光谱线的包络函数曲线，根据光谱线宽度的定义，由式(2-29)可得自然增宽 $\Delta\nu_N$，即

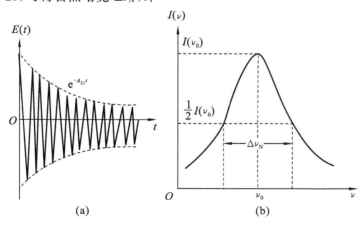

图 2.5 自发辐射光谱线的自然加宽

$$\Delta\nu_N = \nu_1 - \nu_2 = 2(\nu_1 - \nu_0)$$

$$= \frac{A_{21}}{2\pi} = \frac{1}{2\pi\tau_{21}} \tag{2-30}$$

式中：τ_{21} 是原子在激发态的平均寿命。这个结果与式(2-25)所示的结果是一致的。这样，通过关系式(2-30)就把自发辐射跃迁几率 A_{21}、能级平均寿命 τ_{21} 和自发辐射谱线的宽度联系在一起，实际上这三个物理量是从不同的角度对同一个物理过程的不同描述而已。根据以上论述，图 2.2 中所示的能级模型不应是一条几何线，而是具有一定能量宽度的能带。这是量子力学中的能量和频率测不准原理的反映。

以上讨论还表明，即使是孤立原子，当它处于激发态(如在高能级 E_2 上)，并且在不受外界任何作用的情况下也会自发地跃迁到低能级 E_1 上。换言之，原子在激发态的寿命是有限的，不可能无限长($\Delta E_2 \neq 0$)。所以通常把非零的自发跃迁几率或有限的能级寿命所对应的谱线增宽称为自然增宽。

$I(\nu)$ 给出了光谱线中所包含的各个单色光的光强度随频率变化而变化的关系，即给出了光谱线的轮廓曲线。为了方便讨论，把归一化的谱线轮廓函数定义为谱线的线型函数，用 $g(\nu)$ 表示。根据这个定义有

$$g(\nu) = \frac{I(\nu)}{\int_{-\infty}^{\infty} I(\nu)\mathrm{d}\nu} \tag{2-31}$$

将式(2-29)代入即可得自然增宽线型函数，即

$$g_N(\nu) = \frac{\dfrac{\Delta\nu_N}{2\pi}}{(\nu-\nu_0)^2 + \left(\dfrac{\Delta\nu_N}{2}\right)^2} \tag{2-32}$$

线型函数 $g_N(\nu)$ 具有洛仑兹线型。

2.2.3 光谱线的碰撞增宽

大量微观粒子间的无规则碰撞是引起谱线增宽的另一个原因。这里所谓的碰撞，实际上是指同一种微观粒子相互作用。例如，在容器内的气体中，热运动原子(或分子)间或原子与器壁间相遇达到足够近的距离时，两者发生强烈的相互作用，使原子的运动状态发生改变，这种过程称为碰撞。在固体中，原子(或离子)在晶格中热运动，不能自由迁移，但原子与邻近的原子间仍可以产生相互作用而改变其运动状态，也称为碰撞。

碰撞分为两种类型，即弹性碰撞和非弹性碰撞。非弹性碰撞过程有能量交换，碰撞会使处于激发态的原子失去一部分能量而回到基态，但不发射光子，称为非辐射跃迁。显然，非辐射跃迁使处于激发态的能级寿命缩短，因而也使谱线增宽。在固体中，处于激发态的离子同晶格碰撞，把激发态能量转变为晶格分子的热运动能，也属于非辐射跃迁。如果设 S_{21} 表示由于非弹性碰撞引起的非辐射跃迁几率，而激发态能级 E_2 的寿命用 τ_N 表示，则有

$$1/\tau_N = A_{21} + S_{21} = 1/\tau_{21} + 1/\tau \tag{2-33}$$

谱线增宽 $\Delta\nu_N$ 为

$$\Delta\nu_N = \frac{A_{21}+S_{21}}{2\pi} = \frac{1}{2\pi}\left(\frac{1}{\tau_{21}} + \frac{1}{\tau}\right) \tag{2-34}$$

弹性碰撞过程没有能量变换,参与碰撞的微观粒子的能量虽然没有损失,但是其运动状态却发生了变化。例如,对于一个正在发射光波的原子来说,弹性碰撞使原子发射的光波列变短。其原因是弹性碰撞使发射的光波列在碰撞的瞬间发生相位突变,如图 2.6 所示。因此,弹性碰撞又称为相移碰撞或消相碰撞。碰撞使原子发射光波在碰撞后失去了对碰撞前的光波相位的"记忆",光波相位的突变值在 $0 \sim 2\pi$ 间随机等几率取值。

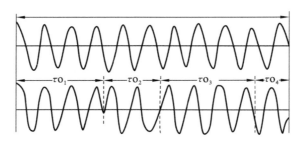

图 2.6　碰撞使光波列发生无规则相位突变

总之,相移碰撞使只能由能级寿命决定的波列的长度变短,表明光谱线进一步增宽,这种增宽是由弹性碰撞引起的,称为相移增宽。

实际上,也可以把相移碰撞的作用理解为使原子激发态能级寿命缩短,从而使光谱线增宽。这样,不论是弹性碰撞还是非弹性碰撞,其作用都是影响激发态能级的平均寿命,从而引起谱线的增宽。

由于碰撞是一个随机过程,大量原子间的碰撞服从统计规律。不难想象,原子激发态能级寿命的缩短取决于原子发生碰撞的剧烈程度,而碰撞剧烈程度通常由原子间平均碰撞时间 τ_c(即连续两次碰撞间的平均时间)来表征,τ_c 就是由碰撞引起的原子激发态寿命。由此可见,碰撞过程与自发辐射过程一样,也会引起谱线增宽,而且增宽的规律相同,即

$$\Delta\nu_c = \frac{1}{2\pi\tau_c}$$

$$g_c(\nu) = \frac{\dfrac{\Delta\nu_c}{2\pi}}{(\nu-\nu_c)^2 + \left(\dfrac{\Delta\nu_c}{2}\right)^2} \tag{2-35}$$

增宽线型函数 $g_c(\nu)$ 也具有洛仑兹线型。

显而易见,在气体中,原子间的碰撞频度是气压的函数,气压越高,碰撞频率越高。实验证明,碰撞增宽与气压成正比,即

$$\Delta\nu_c = \alpha P \tag{2-36}$$

式中:α 是由气体性质决定的增宽系数,单位为 MHz/Torr;P 为气体压强。例如,He-Ne 原子混合气体,$\alpha = 96$ MHz/Torr;CO_2 分子气体,$\alpha = 6.5$ MHz/Torr。

2.2.4　光谱线的多普勒增宽

当光源和接收器之间有相对运动时,接收器接收到的光波频率会随着相对速度的不同而改变,这种现象称为光波的多普勒效应。多普勒效应首先是在声学现象中发现的。

设光源发生的光波频率为 ν_0，光源与接收器之间在它们连线方向上的相对运动速度为 u_2，则接收器接收到的光波频率为

$$\nu = \nu_0 \left(1 \pm \frac{u_2}{c} \right) \tag{2-37}$$

式中：c 为光波在真空中的传播速度。当光源向接收器方向相对运动时，u_2 取正号，$\nu > \nu_0$；相反，u_2 取负号，$\nu < \nu_0$。

在气体中，原子（分子或离子）作无规则的热运动，每个原子的热运动速度和方向皆不相同，相对于静止的光波接收器都有一个相对速度，所以即使每个原子发射的光波是单色光，接收器收到的光波也都有一定的频移，频移量的大小视发光原子相对于接收器的相对速度大小而定。由此而引起的光谱线增宽称为多普勒增宽。这里要指出的是，具有不同相对速度的原子的辐射光波的频移量是不同的。也就是说，光谱线的不同频率分量是由不同相对速度的原子群贡献的，这一点与前面讨论过的自然增宽和碰撞增宽不同。

归一化的多普勒增宽的线型函数为

$$g_D(\nu, \nu_0) = \frac{2}{\Delta\nu_D} \left(\frac{\ln 2}{\pi} \right)^{1/2} \exp\left[-\frac{4\ln 2\,(\nu - \nu_0)^2}{(\Delta\nu_D)^2} \right] \tag{2-38a}$$

$$\Delta\nu_D = \frac{2\nu_0}{c} \left(\frac{2kT}{M} \ln 2 \right)^{1/2} \tag{2-38b}$$

式中：$\Delta\nu_D$ 为多普勒增宽的谱线宽度；M 是相对原子质量；k 是玻尔兹曼常数；T 是气体的温度。多普勒增宽的线型函数 $g_D(\nu, \nu_0)$ 具有高斯函数形式，如图 2.7 所示，$g_D(\nu, \nu_0)$ 满足归一化条件，即

$$\int_0^\infty g_D(\nu, \nu_0)\,d\nu = 1$$

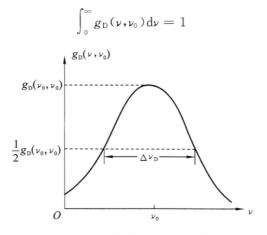

图 2.7　多普勒增宽线型函数

对于固体物质而言，原子不能自由运动，不存在多普勒增宽。但除了自然增宽和碰撞增宽外，还存在其他引起谱线增宽的物理因素。例如，晶体中晶格缺陷是引起谱线增宽的一个主要因素。因为晶格缺陷部位的晶格场与理想的晶格场不同，会使处在晶格缺陷部位的激活离子的能级发生变化，这会导致处于不同部位的激活离子的发光中心频率不同，引起谱线的增宽。光谱线的不同分量是由处在晶格中不同部位的激活离子贡献的。这类增宽在均匀

性很差的晶体中表现得最明显,例如,红宝石晶体发光就是这类情况。固体中的这种增宽线型函数难以从理论上导出,只能由实验测定。

2.2.5　谱线增宽分类

根据引起谱线增宽的物理因素,谱线增宽可分为三大类,即均匀增宽、非均匀增宽和综合增宽。

1.　均匀增宽

前面所讨论的自然增宽和碰撞增宽均属于均匀增宽。这两种增宽有一个共同的特点,即引起增宽的物理因素对每个发光原子都是相同的。例如,由于发光原子在激发态上的寿命是有限的,对应的能级具有一定的宽度,从而引起谱线的自然增宽,而碰撞增宽则是碰撞的作用使得原子激发态能级寿命的缩短引起的。因为每个原子所处的环境都相同,所以大量原子中每个原子的平均寿命都相同,每个发光原子对谱线增宽的贡献是相同的,也就是说,每个发光原子以相同的中心频率按整个增宽线型发光。均匀增宽线型函数是洛仑兹型函数,统一用 $g_H(\nu, \nu_0)$ 表示,即

$$g_H(\nu, \nu_0) = \frac{\Delta\nu_H}{2\pi} \cdot \frac{1}{(\nu - \nu_0)^2 + \left(\dfrac{\Delta\nu_H}{2}\right)^2} \tag{2-39}$$

式中:$g_H(\nu, \nu_0)$ 满足归一化条件,即

$$\int_0^\infty g_H(\nu, \nu_0)\mathrm{d}\nu = 1 \tag{2-40}$$

$$\Delta\nu_H = \Delta\nu_N + \Delta\nu_c \tag{2-41}$$

对于一般气体物质而言,由于 $\Delta\nu_c \gg \Delta\nu_N$,所以均匀增宽主要由碰撞增宽决定。只有当气体处于真空状态、气体压强极低时,自然增宽的作用才会表现出来。对于固体物质而言,情况相对复杂一些,自然增宽和原子间的相互作用(碰撞)增宽都比较小,均匀增宽主要来自原子与晶格的相互作用。

2.　非均匀增宽

气体中发光原子谱线的多普勒增宽和晶格中晶格缺陷引起的谱线增宽属于非均匀增宽。非均匀增宽的特点是,谱线的不同分量是由不同类的原子贡献的,换言之,不同类的发光原子对谱线增宽的贡献是不一样的。由此,可以辨别谱线上的某一频率范围,是哪一部分原子发射的。这一点与均匀增宽不同。例如,多普勒增宽具有相同速度的原子群,其频率相对于中心频率的频移是一样的,速度不相同则频移不同。所以,不同速度的原子群对谱线增宽的贡献不同。同样的道理,在晶体中晶体缺陷的存在引起晶格场的畸变不同,使得处于不同晶体部位的激活离子的发光中心频率不同,对谱线增宽的贡献也就不同。非均匀增宽线型函数用 $g(\nu, \nu_0)$ 表示,没有统一的表达式。

3.　综合增宽

实际的光谱线增宽往往同时存在均匀增宽和非均匀增宽两类形式,这时谱线的增宽称为综合增宽。在实际工作条件下,往往是一类增宽因素是主要的,另一类增宽因素是次要的,有时甚至可以忽略不计。

图 2.8 所示是 CO_2 气体分子光谱的线宽 $\Delta\nu$ 随气压变化的示意图,给出了增宽的类型随气压变化而变化的情况。例如,CO_2 相对分子质量 $M=44$,$\lambda_0=10.6\ \mu m$,当温度 $T=300\ K$ 时,$\Delta\nu_D=53\ MHz$;如果气体压强 $P\geqslant10\ Torr$,$\Delta\nu_H>65\ MHz$,这时均匀增宽就变成主要因素了。对于 He-Ne 激光器,He-Ne 混合气体中,Ne 是发光原子,Ne 的原子量 $M=20$,$\lambda_0=0.6328\ \mu m$,当 $T=400\ K$ 时,$\Delta\nu_D=1520\ MHz$;如果 $P=0.2\ Torr$ 时,$\Delta\nu_H=192\ MHz$,此时激光器发出的光谱线是以多普勒增宽为主的综合增宽。对于常用的红宝石激光器,红宝石晶体在低温时发射的光谱增宽主要是由晶格缺陷引起的非均匀增宽,它与温度无关;而在常温区,则主要是由于晶格热振动引起的均匀增宽,并随着温度的升高而增大。对于 Nd:YAG 激光器,由于 Nd:YAG 晶体的均匀性好,缺陷很少,因而非均匀增宽可以忽略不计,在整个温度范围内其谱线增宽都是以晶格热振动引起的均匀增宽为主。

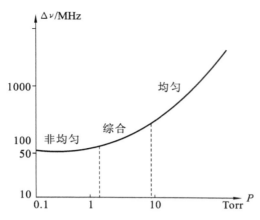

图 2.8　CO_2 分子 $\Delta\nu$ 随气体压力的变化

2.3　介质对光的增益作用

2.3.1　介质的增益系数

当物质处于平衡状态时,物质中的原子数按能态的分布服从玻尔兹曼分布率,对于简单的两能级原子系统,原子数的能级 E_1 和 E_2 分布满足

$$\frac{N_2}{g_2}=\frac{N_1}{g_1}\exp(-h\nu/kT) \tag{2-42}$$

式中:N_1 和 N_2 分别为能级 E_1 和 E_2 上的原子数;g_1 和 g_2 分别为能级 E_1 和 E_2 的简并度;$h\nu=E_1-E_2$;k 为玻尔兹曼常数;T 为物质温度。

在光频区 $h\nu\gg kT$,所以有

$$\frac{N_2}{g_2}\ll\frac{N_1}{g_1} \tag{2-43}$$

如果能级 E_1 和 E_2 是非简并的,则 $g_1=g_2=1$,$N_2\ll N_1$。这表明在热平衡条件下,处于高能级上的原子数恒少于低能级上的原子数。当能量为 $h\nu=E_2-E_1$ 的光子束通过介质时,受

激吸收超过受激辐射，光束被衰减，介质对光束表现为吸收介质，或称介质具有负增益。为了使介质具有正的增益，或者说使介质对光束具有放大作用，则必须满足

$$\frac{N_2}{g_2} > \frac{N_1}{g_1} \tag{2-44}$$

因此，必须打破热平衡状态。由式(2-42)可知，只要把温度 T 变为 $-T$，即可满足式(2-44)。式(2-44)所示的条件表明，高能级上的原子数恒大于低能级上的原子数，这种分布状态称为原子集居数的反转分布，或形象地称为负温状态。显然，原子集居数处于反转分布的介质具有正增益，此时的介质处于激活状态。原子数按能态的热平衡分布和反转分布如图 2.9 所示。

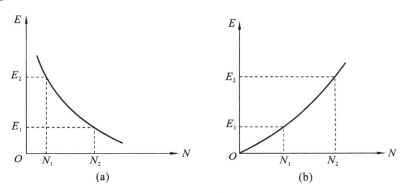

图 2.9 原子数按能态的热平衡和反转分布

设频率为 ν、强度为 I_0 的准单色光束进入增益介质，则光束的光强在传播过程中将不断增强，通常用增益系数 $G(\nu)$ 表示光强经过单位距离后的相对增长率。设在 z 处的光强为 $I(z)$，$z+\mathrm{d}z$ 处的光强为 $I(z)+\mathrm{d}I(z)$，则 $G(\nu)$ 的表达式为

$$G(\nu) = \frac{\mathrm{d}I(\nu,z)}{\mathrm{d}z} \cdot \frac{1}{I(\nu,z)} \tag{2-45}$$

求解式(2-45)可得光强随距离变化而变化的规律，即

$$I(\nu,z) = I(\nu,0)\exp[G(\nu)z] \tag{2-46}$$

式中：$I(\nu,0)$ 是在 $z=0$ 处的光强。

显而易见，原子数能态集居数反转 ΔN 越大，增益系数 $G(\nu)$ 就越大；另外，由于谱线增宽，$I(\nu)$ 按线型函数 $g(\nu,\nu_0)$ 分布，所以增益数与 $g(\nu,\nu_0)$ 成正比。同时考虑这两点，则有

$$G(\nu,\nu_0) \propto \Delta N g(\nu,\nu_0) \tag{2-47}$$

经过严格的推导，$G(\nu,\nu_0)$ 的表达式为

$$G(\nu,\nu_0) = \frac{h\nu}{c} B_{21}\left(N_2 - \frac{g_2}{g_1}N_1\right) g(\nu,\nu_0) \tag{2-48}$$

2.3.2 介质的增益和饱和

1. 均匀增宽介质的增益饱和

如前所述，当频率为 ν_A 的准单色光通过激活介质时，光强 $I(\nu_A)$ 会获得放大，这是光的受激辐射过程占优势的结果。受激辐射是以消耗反转粒子数为代价的，其结果是 ΔN 减少，增

益系数变小,这种现象称为增益饱和效应。由此可见,增益系数还与光强的大小有关,所以增益系数应写为 $G[\nu, \nu_0, I(\nu_A)]$。

对于均匀增宽情况,频率 ν_A 的准单色光对介质中所有反转粒子的受激作用是一样的,换言之,所有反转粒子的受激跃迁几率相同,并且随着 $I(\nu_A)$ 的增大,受激跃迁几率增加,ΔN 减小,$G_H[\nu, \nu_0, I(\nu_A)]$ 也随之下降。其增益饱和效应表现为整个增益曲线随 $I(\nu_A)$ 的增大而均匀下降,如图 2.10 所示。图中,$I(\nu_A) \approx 0$ 的增益曲线称为小信号增益曲线,相应的增益系数称为小信号增益系数,用 $G^0(\nu, \nu_0)$ 表示。

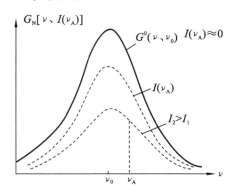

图 2.10 均匀增宽介质的增益饱和

2. 非均匀增宽介质的增益饱和

非均匀增宽介质的增益饱和效应比较复杂。例如,气体中的多普勒增宽是一种典型的非均匀增宽,其线型函数可以看做是众多的均匀线型函数的包络函数,如图 2.11 所示。图中,每一个均匀增宽线型函数是由具有相同速度的原子群共同贡献的,每个原子群具有相同的发光中心频率。

当频率为 ν_A、光强为 $I(\nu_A)$ 的准单色光入射到非均匀增宽介质中时,使中心频率为 ν_A 的那群原子的反转粒子数发生饱和,而对远离 ν_A 的反转粒子不发生作用。这样,饱和后的那群原子反转粒子对非均匀增宽曲线 ν_A 附近的增益贡献减少,整个增益曲线在 ν_A 处产生一个凹陷,好像光强 $I(\nu_A)$ 在 ν_A 处烧了一个洞似的。这种效应称为非均匀增益曲线的烧孔效应,如图 2.12 所示。

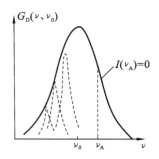

图 2.11 非均匀增宽线型的形成

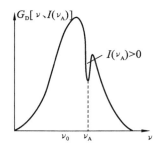

图 2.12 非均匀增宽的增益饱和——烧孔效应

2.4　光的受激辐射放大

2.4.1　实现受激辐射和放大的必要条件

　　如前节所述,工作物质处于热平衡状态时,原子在各能级上的分布服从玻耳兹曼分布律。为简单起见,假设原子系统是两能级系统,并且是非简并的($g_1=g_2$,$E_2>E_1$),则有

$$\frac{N_2}{N_1}=\exp\left(-\frac{E_2-E_1}{kT}\right) \tag{2-49}$$

表明处于热平衡状态的原子能态分布是正常分布,即 $N_2<N_1$。当频率为 $\nu=(E_2-E_1)/h$ 的准单色光经过工作物质时,受激吸收的光子数恒大于受激辐射的光子数,工作物质处于负放大状态,表现为吸收光。要实现光放大,必须使 $N_2>N_1$,即实现原子数在能级上的反转分布。通常采用外界向工作物质提供能量的方式(称之为激励或抽运),使 $N_2>N_1$。所以,外界激励(或抽运)是实现光的受激放大的必要条件。

　　对于不同种类的激光器,实现粒子数反转分布的具体方式不同,但大多数可以用图 2.13 所示的两个基本模型说明。图 2.13(a)所示是三能级系统,E_1 是基态,E_2 和 E_3 是激发态,其中 E_2 是亚稳态。粒子在能级 E_2 上的寿命要比在能级 E_3 上的长得多。在外界能源的激励下,处于基态 E_1 上的粒子被抽运到激发态 E_3 上,因而 E_1 上的粒子数 N_1 减少,E_3 的粒子数增加。但是,由于粒子在 E_3 上的寿命很短,E_3 上的粒子通过碰撞很快以非辐射跃迁的方式跃迁到 E_2 能级上。因为 E_2 能级上的粒子寿命长,所以粒子在 E_2 能级上积累,即 N_2 不断增加。这样,随着抽运过程的持续进行,一方面 N_1 减少,另一方面 N_2 增加,就有可能使 $N_2>N_1$,从而实现亚稳态 E_2 和基态间的粒子数反转分布。当频率为 $\nu=(E_2-E_1)/h$ 的准单色光输入时,光波就因受激辐射而得到放大。

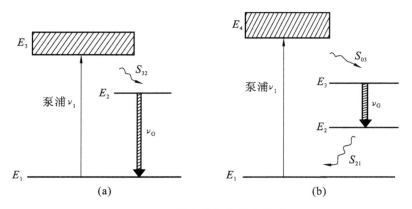

图 2.13　粒子能级的基本模型

(a) 粒子能级的三能级模型;(b) 粒子能级的四能级模型

　　这里要指出的是,要在三能级系统中形成粒子数反转分布是比较困难的,一方面因为在热平衡时大部分粒子都处于基态,另一方面在亚稳态 E_2 和基态间除受激辐射跃迁处还存在自发辐射跃迁。所以,只有外界激励源很强,快速抽运,才有可能实现粒子数反转分布,其效

率显然是很低的。

图 2.13(b)所示是四能级系统,其中 E_2 不是基态而是激发态,E_2 能级上的粒子数比较少,只要亚稳态 E_3 能级上稍有粒子积累,就可实现粒子数反转分布。激发态 E_4 上的粒子向亚稳态 E_3 转移得越快和 E_2 上的粒子向基态 E_1 过渡得越快,光放大的工作效率就越高。

不论是三能级系统还是四能级系统,要实现粒子数的反转分布必须具备两个基本条件:一是内部条件,要求工作物质具有丰富的抽运吸收带和寿命较长的亚稳态;二是外部条件,要求外部激励源足够强,抽运速率快(抽运速率大于上、下能级间的自发跃迁速率)。

2.4.2　实现光的自激振荡的条件

实现粒子数反转分布是实现光的受激辐射放大的必要条件,但要实现光的自激振荡,这个条件不是充分的,还必须提供足够的正反馈。正反馈是由两个反射镜(平面镜或球面镜)构成的谐振腔提供的。图 2.14 所示是由两个平面反射镜构成的谐振腔,激活介质(即实现粒子数反转的工作物质)置于腔内。开始时,腔内存在的自发辐射光中,总有一部分是沿着谐振腔轴向传播的,其中心频率为 $\nu=(E_2-E_1)/h$。在轴向自发辐射的作用下,在轴向产生光的受激辐射放大。受激辐射放大的光受到腔镜的反射后,又继续获得轴向受激放大光。当然,非轴向传播的自发辐射光,在激活介质中也同样能够产生受激辐射放大,但非轴向传播的光在来回反射后很快就逸出腔外。

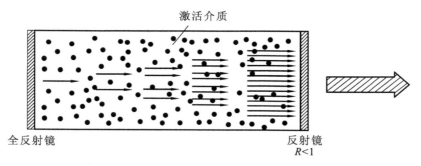

图 2.14　光的受激放大示意图

由于光在谐振腔内的传播过程中存在各种各样的损耗,如衍射、散射、吸收和逃逸等损耗,另外光输出也是一种损耗,所以只有当损耗和增益达到平衡时,才能形成稳定的光振荡,并给出稳定的激光输出。

设 α 为包括各种损耗的损耗系数,定义为光通过单位距离后光强衰减的百分数。在含有激活介质的激光腔内,同时考虑增益和损耗,光强通过单位距离的相对变化为

$$\frac{\mathrm{d}I}{\mathrm{d}z}\frac{1}{I}=G(\nu)-\alpha \tag{2-50}$$

式中:$G(\nu)$ 是增益系数,与光强有关。根据增益饱和效应,随着光强的增大,$G(\nu)$ 减小。当 $G(\nu)=\alpha$ 时,腔内的光强不再变化(即 $\mathrm{d}I/\mathrm{d}z=0$),此时腔内建立起稳定的自激振荡,并且有稳定的激光输出。所以,实现光的自激振荡的条件为

$$G(\nu)=\alpha \tag{2-51}$$

2.5　思考与练习题

1. 试解释均匀增宽介质的增益饱和效应和非均匀增宽介质的增益烧孔效应。
2. 实现粒子数反转分布的两个基本条件是什么？
3. 实现受激辐射放大的充要条件是什么？
4. 如果激光器和微波激光器分别在 $\lambda=10\ \mu m$，$\lambda=500\ nm$ 和 $\nu=3000\ MHz$ 下输入 1 W 连续功率，问每秒钟从激光上能级向下能级跃迁的粒子数是多少？
5. 试证明，由于自发辐射，原子在 E_2 能级的平均寿命 $\tau_S=1/A_{21}$。
6. 什么叫激光器的阈值条件？为什么三能级系统所需的阈值能量要比四能级系统所需的大得多？
7. 某介质的折射率 $n\approx1$，它发出的光谱线波长为 $\lambda=1\ \mu m$，其自发跃迁几率 $A_{21}=10^8/s$，试计算：
   (1) 受激辐射系数 B_{21}；
   (2) 要使受激辐射超过自发辐射，单色辐射能密度应该多大？
8. 静止氖原子的 $3S_2$-$2P_4$ 谱线中心波长为 632.8 nm，设氖原子分别以 $0.1c$、$0.4c$ 和 $0.8c$ 的速度向观察者运动，问其表观中心波长分别变为多少？
9. Ne 原子（分子量为 20）的中心波长为 0.6328 μm 的跃迁谱线，已知微粒上、下能级之间的平均寿命为 2×10^{-8} s，气体放电管内充气气压为 2 Torr，气体工作温度为 400 K。试计算该跃迁谱线的总均匀增宽线宽和多普勒增宽线宽。
10. 已知 CO_2 气体在室温 $T=300$ K 下其 10.6 μm 谱线的碰撞增宽系数 α 为 6.5 MHz/Torr，跃迁能级平均寿命 $\tau_N=2.4\times10^{-3}$ s。试计算：(1)该谱线的自然增宽线宽 $\Delta\nu_N$；(2)该谱线的多普勒增宽线宽 $\Delta\nu_D$；(3)在什么气压条件下光谱线的增宽从非均匀增宽为主过渡到均匀增宽为主。
11. 设有一台迈克尔逊干涉仪，其光源波长为 λ。试用多普勒原理证明，当可动反射镜移动距离 L 时，接收屏上的干涉光强周期性地变化 $2L/\lambda$ 次。
12. 在激光出现以前，Kr^{86} 低气压放电灯是很好的单色光源。如果忽略自然增宽和碰撞增宽，试估算在 77 K 温度下它的 605.7 nm 谱线的相干长度是多少，并与一个单色性 $\Delta\lambda/\lambda=10^{-8}$ 的 He-Ne 激光器比较。
13. 设 Ne 的 632.8 nm 谱线的增益曲线在半极大值处有一烧孔，谱线的增宽为 1.5×10^9 Hz。问与烧孔对应的原子的速度是多少？
14. 考虑 He-Ne 激光器的 632.8 nm 跃迁，其上能级 $3S_2$ 的寿命 $\tau_2\approx2\times10^{-8}$ s，下能级 $2P_4$ 的寿命 $\tau_1\approx2\times10^{-8}$ s，设管内气压 $P=266$ Pa：
   (1)计算 $T=300$ K 时的多普勒线宽 $\Delta\nu_D$；
   (2)计算均匀线宽 $\Delta\nu_H$ 及 $\Delta\nu_D/\Delta\nu_H$；
   (3)当腔内光强接近 0 和 10 W/cm^2 时，谐振腔分别需多长才使烧孔重叠。
15. 一质地均匀的材料对光的吸收系数为 0.01 mm^{-1}，光通过 10 cm 长的该材料后，出射光强为入射光强的百分之几？
16. 如果光在增益介质中通过 1 m 后，光强增大至 2 倍，试求介质的增益系数。

第 **3** 章

光学谐振腔

3.1 光学谐振腔的稳定条件

3.1.1 光学谐振腔概述

光学谐振腔是激光器三个重要组成部分之一。光学谐振腔的作用有两个:一是提供光学正反馈,在腔内建立并维持光的自激振荡;二是控制输出激光束的特性,诸如光束的横向分布、光斑尺寸、谐振频率和光束的发散角等。

光学谐振腔的结构类型有多种分类方法,如可分为球面腔和非球面腔、高损耗腔和低损耗腔、端面反馈腔和分布反馈腔、行波腔和驻波腔、两镜腔和多镜腔、简单腔和复合腔等。其中最常用的是由两个球面镜(或平面镜)构成的共轴球面光学谐振腔,简称共轴球面腔。这里,平面镜看做是曲率半径为无穷大的球面镜。常见的共轴球面腔有平行平面腔、双凹面腔和平面凹面腔三种,如图 3.1 所示。

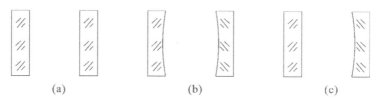

(a)   (b)   (c)

图 3.1　光谐振腔的几种常用形式

3.1.2　共轴球面腔的稳定条件

光学谐振腔按几何损耗(几何反射逸出)来分类,可分为稳定腔、非稳定腔和临界腔等三类。如果谐振能够保证沿着谐振腔轴向传播的光在腔内往返无限次而不会从侧面逸出,则称这类腔为稳定腔;反之,如果光在腔内往返有限次后就横向逸出腔外,则称这类腔为非稳定腔。临界腔几何损耗介于两者之间。

在轴附近沿着轴向传播的光称为傍轴光。在光学中,常用光线来讨论光的传输问题,任何一条傍轴光线的位置和方向可用光线离开腔轴的距离 r 和光线与腔轴的夹角 θ 这两个参数确定。傍轴光线必须满足两个条件,即 $r^2 \approx 0, \theta \ll 1$,根据傍轴光学理论,能够导出共轴球面腔的稳定条件为

$$0 < \left(1 - \frac{L}{R_1}\right)\left(1 - \frac{L}{R_2}\right) < 1 \tag{3-1}$$

满足式(3-1)的共轴球面腔为稳定腔,式中,当凹面镜向着腔内时,R 取正值,而当凸面镜向着腔内时,R 取负值。傍轴光线在腔内往返无限次不会横向逸出腔外,或者说,在该腔内传输的傍轴光线的几何损耗为零。

对于满足条件

$$\left(1 - \frac{L}{R_1}\right)\left(1 - \frac{L}{R_2}\right) > 1 \tag{3-2a}$$

或

$$\left(1 - \frac{L}{R_1}\right)\left(1 - \frac{L}{R_2}\right) < 0 \tag{3-2b}$$

的球面谐振腔称为非稳定腔,傍轴光线的腔内经历有限次往返后必将逸出腔外,也就是说,满足式(3-2)的谐振腔是高损耗腔。

对于满足条件

$$\left(1 - \frac{L}{R_1}\right)\left(1 - \frac{L}{R_2}\right) = 0 \tag{3-3a}$$

或

$$\left(1 - \frac{L}{R_1}\right)\left(1 - \frac{L}{R_2}\right) = 1 \tag{3-3b}$$

的球面腔称为临界腔。

3.1.3　共轴球面谐振腔的稳定性图及其分类

为了直观起见,常引入谐振腔参数 g 来讨论谐振腔的稳定性,定义

$$g_1 = 1 - \frac{L}{R_1}, \quad g_2 = 1 - \frac{L}{R_2} \tag{3-4}$$

并且在平面直角坐标系中,令 g_1 代表横坐标变量,g_2 代表纵坐标变量,这样任何一个具体的球面腔都可以用坐标系中的一个坐标点表示,这样的图称为稳定性图,如图 3.2 所示。

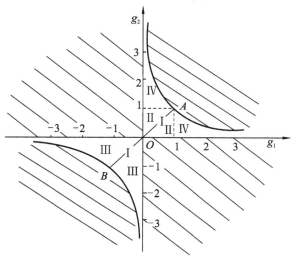

图 3.2　光学谐振腔的稳定性图

图中,两条双曲线是由条件 $g_1g_2=1$ 给出的,它们是稳定腔区和非稳定腔区的分界线,曲线本身代表临界腔的条件。在第二象限和第四象限代表 $g_1g_2<0$ 的区域,第一象限和第三象限阴影区代表 $g_1g_2>1$ 的区域,它们都代表非稳定腔区域,第一象限和第三象限 $0<g_1g_2<1$ 的区域代表稳定腔区域,Ⅰ、Ⅱ、Ⅲ和Ⅳ标示的四个区域,分别代表着四类谐振腔结构。

图中,Ⅰ区是连接坐标点 $(-1,-1)$ 和 $(1,1)$ 并通过坐标原点的直线线段 BOA,但不包括 B、O 和 A 三点,Ⅰ区各点代表第一类稳定腔,即对称腔。腔的结构特点是两块球面反射镜的曲率半径相等,即 $R_1=R_2=R$,线段 OA 上各点代表曲率半径大于腔长的情况,即 $L\leqslant R<\infty$,线段 OB 上各点代表曲率半径小于腔长的情况。B、O 和 A 三点处在稳定区和非稳定区的交界处,三点所代表的腔是临界腔。坐标原点 O 代表曲率半径和腔长相等的结构,即 $R_1=R_2=L$,称为共焦腔。A 点代表曲率半径 $R_1=R_2\rightarrow\infty$ 的腔,这就是平行平面腔,B 点代表的是 $R_1=R_2=L/2$ 的结构腔,两块球面镜的曲率中心正好与腔的中心重合,称为共心腔。

图 3.2 中,Ⅱ区代表曲率半径大于腔长的非对称腔,称为第二类稳定腔。其结构特点是 $R_1\neq R_2$,$R_1>L$ 和 $R_2>L$,相应的结构如图 3.3(a)所示。

在图 3.2 中,除去 OB 的整个 $g_1<0$ 和 $g_2<0$ 的稳定区即为第三象限的稳定区,代表第三类稳定腔,代表曲率半径小于腔长的非对称腔。其结构特点是 $R_1\neq R_2$,$0<R_1<L$ 和 $0<R_2<L$,如图 3.3(b)所示。

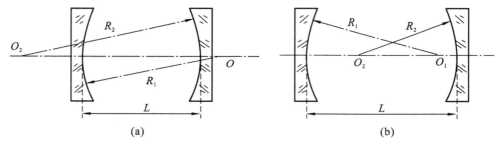

$$\text{(a)} \qquad\qquad\qquad \text{(b)}$$

图 3.3 稳定的非对称腔的结构

第四类稳定腔是由一块曲率半径 $R_1<L$ 的凸面镜和一块曲率半径 $R_2>L$ 的凹面镜构成,如图 3.4 所示。在稳定性图中,它处于 $g_1>1,0<g_2<1$ 和 $g_2>1,0<g_1<1$ 的区域(Ⅳ区所代表区域)。

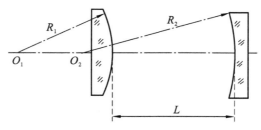

图 3.4 稳定的凸凹腔的结构

这里还要指出的另一个问题是,对于任何一个具体的共轴球面腔(给定 R_1、R_2 和 L),在稳定性图中都有唯一的对应点,但是在稳定性图中的任意一个点并不单值地代表一个具体的共轴球面腔。

3.1.4 常见光学谐振腔的构成

1. 稳定腔

(1) 双凹稳定腔。

由两个凹面镜组成,且满足稳定条件的共轴球面腔为双凹腔。这种腔的稳定条件有两种情况。

第一种情况为:$R_1 > L$ 且 $R_2 > L$,如图 3.5(a) 所示。

证明 因为 $R_1 > L$,所以 $0 < \dfrac{L}{R_1} < 1$,$0 < 1 - \dfrac{L}{R_1} < 1$,即 $0 < g_1 < 1$,同理有 $0 < g_2 < 1$,所以 $0 < g_1 g_2 < 1$。

第二种情况为:$R_1 < L$,$R_2 < L$ 且 $R_1 + R_2 > L$,如图 3.5(b) 所示。

证明 因为 $R_1 < L$,所以 $1 - \dfrac{L}{R_1} < 0$,即 $g_1 < 0$,同理有 $g_2 < 0$,所以 $g_1 g_2 > 0$。

又因为 $L < R_1 + R_2$,所以

$$\frac{L^2}{R_1 R_2} < \frac{R_1 + R_2}{R_1 R_2} L$$

或

$$\left(1 - \frac{L}{R_1}\right)\left(1 - \frac{L}{R_2}\right) = 1 - \frac{R_1 + R_2}{R_1 R_2} L + \frac{L^2}{R_1 R_2} < 1$$

即 $g_1 g_2 < 1$,$0 < g_1 g_2 < 1$。

如果 $R_1 = R_2$,则此双凹腔为对称双凹腔,上述的两种稳定条件可以合并成一个,即 $R_1 = R_2 = R > L/2$。

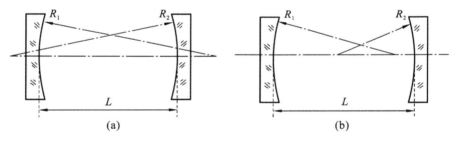

图 3.5 双凹稳定腔的两种情况

(2) 平凹稳定腔。

由一个凹面发射镜和一个平面发射镜组成的谐振腔称为平凹腔,如图 3.6 所示,其稳定条件为 $R_1 > L$。

证明 因为 $R_1 > L$,$g_1 = 1 - \dfrac{L}{R_1}$,$R_2 \to \infty$,$g_2 = 1$,所以 $0 < g_1 = 1 - \dfrac{L}{R_1} < 1$ 故有 $0 < g_1 g_2 < 1$。

(3) 凹凸稳定腔。

由一个凹面反射镜和一个凸面反射镜组成的共轴球面腔为凹凸腔,如图 3.7 所示,它的稳定条件是 $R_1 < 0$,$R_2 > L$,且 $R_1 + R_2 < L$,或者 $R_2 > L$,$|R_1| > R_2 - L$,同理可以证明 $0 < g_1 g_2 < 1$。

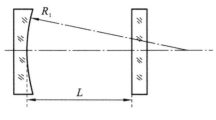

图 3.6 平凹稳定腔

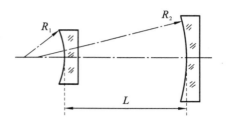

图 3.7 凹凸稳定腔

2. 非稳定腔

（1）双凹非稳定腔。

由两个凹面镜组成，且满足非稳腔条件的共轴球面腔称为双凹非稳定腔，这种腔的稳定条件有两种情况。

第一种情况为 $R_1 < L,R_2 > L$，如图 3.8（a）所示，此时 $g_1 = 1 - \dfrac{L}{R_1} < 0$，$g_2 = 1 - \dfrac{L}{R_2} > 0$，所以 $g_1 g_2 < 0$。

第二种情况为 $R_1 + R_2 < L$，可以证明 $g_1 g_2 > 1$，如图 3.8（b）所示。

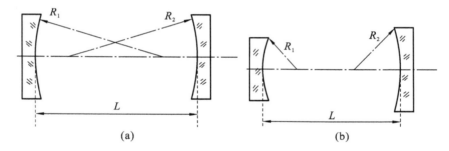

图 3.8 双凹非稳定腔

（2）平凹非稳定腔。

稳定条件是 $R_1 < L,R_2 = \infty$，如图 3.9 所示，因为 $g_2 = 1$，$g_1 < 0$，所以 $g_1 g_2 < 0$，证明从略。

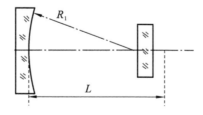

图 3.9 平凹非稳定腔

（3）凹凸非稳定腔。

凹凸非稳定腔的非稳定条件也有两种情况。第一种情况是 $R_2 < 0,0 < R_1 < L$，如图 3.10（a）所示，易证明 $g_1 g_2 < 0$；第二种情况是 $R_2 < 0,R_1 + R_2 > L$，如图 3.10（b）所示，易证明 $g_1 g_2 > 1$。

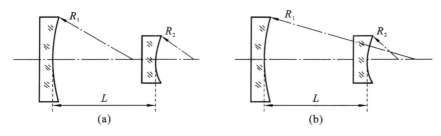

图 3.10　凹凸非稳定腔的两种情况

（4）双凸非稳定腔。

由两个凸面反射镜组成的共轴球面腔称为双凸非稳定腔。因为 $R_1 < 0$，$R_2 < 0$，所以 $g_1 g_2 > 1$，如图 3.11 所示。

（5）平凸非稳定腔。

由一个凸面反射镜与平面反射镜组成的共轴球面腔称为平凸腔。平凸腔都满足 $g_1 g_2 > 1$，如图 3.12 所示。

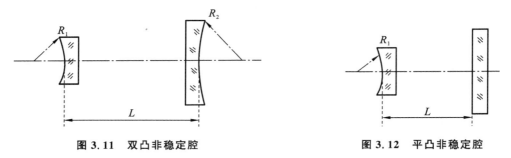

图 3.11　双凸非稳定腔　　　　　　　**图 3.12　平凸非稳定腔**

3. 临界腔

临界腔属于一种极限情况，其稳定性视不同的谐振腔而不同，在谐振腔的理论研究和实际应用中，临界腔具有非常重要的意义。临界腔主要分为实共焦腔和虚共焦腔，实共焦腔焦点在腔内，它是双凹腔；虚共焦腔焦点在腔外，它是凹凸腔。实共焦腔和虚共焦腔分别如图 3.13、图 3.14 所示。

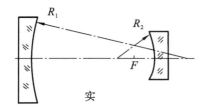

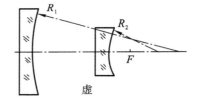

图 3.13　实共焦腔　　　　　　　**图 3.14　虚共焦腔**

3.1.5　光学谐振腔稳定性的判别方法

1. 稳定性图判别法

常常用稳定性图来表示共轴球面腔的稳定条件，以光腔的两个反射面的 g 参数为坐标轴绘制出稳定性图。如图 3.2 所示,空白部分是谐振腔的稳定工作区,其中包括坐标原点;阴影区为不稳定区;在稳定区和非稳定区的边界上是临界区。对于工作在临界区的腔,只有某些特定的光线才能在腔内往返而不逸出腔外。

2. 稳定性简单判别法

若一个反射面的曲率中心与其顶点的连线与第二个反射面的曲率中心或反射面本身两者之一相交,则为稳定腔;若和两者同时相交或者同时不相交,则为非稳定腔;若有两个中心重合,则为临界腔。稳定腔、非稳定腔和临界腔分别如图 3.15(a)、(b)、(c)所示。

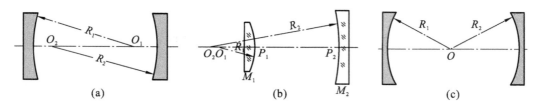

(a)　　　　　　　(b)　　　　　　　(c)

图 3.15　稳定性简单判别法
(a) 稳定腔;(b) 非稳定腔;(c) 临界腔

3. 稳定性判断 σ 圆法

分别以两个反射镜的曲率半径为直径,圆心在轴线上,作反射镜的内切圆,该圆称为 σ 圆;若两个圆有两个交点,则为稳定腔;若没有交点,则为非稳定腔;若只有一个交点或者完全重合,则为临界腔,如图 3.16 所示。

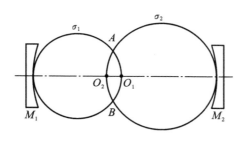

图 3.16　σ 圆法

3.2　光学谐振腔的模式

在激光器中,光学谐振腔除了提供光学正反馈外,另一个重要的作用就是控制振荡光束的特性。一般来讲,谐振腔的几何尺寸远大于光的波长,因此必须研究光的电磁场在谐振腔内的分布问题,即所谓谐振腔的模式问题。

谐振腔的模式与其结构密切相关。光场稳定的纵向分布称为纵模,横向分布称为横模。

3.2.1　谐振腔的纵模

假设光波沿着平行平面反射腔轴向往返传播,如图 3.17 所示。当光波在腔镜上反射时,入射波与反射波将发生干涉。为了能在腔内形成稳定的振荡,要求光波能够因干涉而得到加强。因此,光波从某点出发,在腔内往返一次再回到原位时,应与初始光波同相位,即入射波与反射波的相位差是 2π 的整数倍。

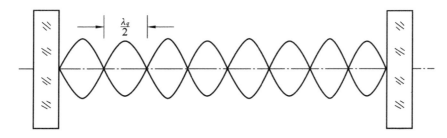

图 3.17　光谐振腔腔中的驻波

相干条件应为

$$\Delta\varphi=\frac{2\pi}{\lambda}2L=q\cdot 2\pi \tag{3-5}$$

式中:q 是整数。如果满足上述条件的光波波长用 λ_q 表示,频率用 ν_q 表示,则有

$$\lambda_q=\frac{2L}{q} \tag{3-6a}$$

$$\nu_q=q\frac{c}{2nL} \tag{3-6b}$$

式中:n 是谐振腔内介质折射率。

　　式(3-5)实际上是光学谐振腔的驻波条件。当光波的波长与腔长满足该式时,在腔内形成稳定的驻波场(见图 3.17)。把满足式(3-6)的平面驻波场称为平行平面反射腔的本征模。驻波的波节数由 q 决定,通常把由 q 值所表示的腔内的纵向场分布称为谐振腔的纵模,不同的 q 值对应于不同的纵模。从式(3-6b)看出,q 值决定纵模的谐振腔频率。

　　谐振腔的两个相邻纵模的频率之差 $\Delta\nu_q$ 称为纵模间隔,由式(3-6b)可得

$$\Delta\nu_q=\nu_{q+1}-\nu_q=\frac{c}{2nL} \tag{3-7}$$

　　由此可见,$\Delta\nu_q$ 与 q 值无关,对于给定的谐振腔来说,纵横间隔是个常数,因此,谐振腔的纵模的频谱是等距离排列的,每个纵模谱线均具有一定的宽度 $\Delta\nu_c$,根据多光束干涉理论可得出

$$\Delta\nu_c=\frac{c}{2\pi nL}\left(\frac{1-\rho}{\sqrt{\rho}}\right) \tag{3-8}$$

式中:ρ 是平面反射镜的反射率。

3.2.2　谐振腔的横模

　　谐振腔中,光波场在横向平面内的各种稳定的分布称为谐振腔的横模,用符号 TEM_{mn} 表示其特征。符号 TEM 表示腔中的光波场是横向电磁波;m、n 是横模参数,表示横向驻波波节的数目,不同的 m、n 表示不同的横模,方形镜焦腔模的振幅分布和强度花样如图 3.18 所示。

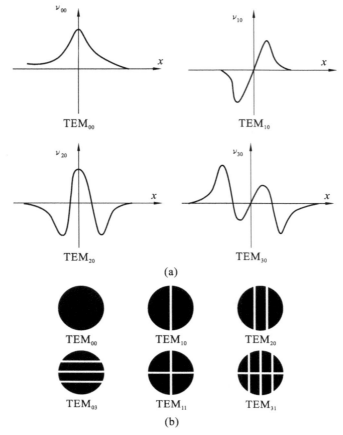

图 3.18 方形镜焦腔模的振幅分布和强度花样

例如,$m=n=0$ 的模记为 TEM_{00},表示最低阶横模,亦称基模。

同时考虑谐振腔中光波场的纵模和横模,用 TEM_{mnq} 来表示谐振腔中光波场的特征。参数 q 代表纵模,一个 q 值代表一个纵模,其大小表示纵向驻波波节数(实际上,q 值大小等于驻波波腹数目,而波节数等于 $q+1$)。

3.3 共焦腔中的光束特性

3.3.1 基模高斯光束的特性

下面分析共焦腔行波场(简称共焦场)基模的特征。

1. 振幅分布和光斑尺寸

对基模而言,共焦腔的振幅分布为

$$|E_{00}(x,y,z)| = \frac{A_0}{\omega(z)} \exp\left[-\frac{x^2+y^2}{\omega^2(z)}\right] \tag{3-9}$$

式中:A_0 为原点($z=0$)处的中心振幅。

可见,共焦腔基模的振幅在横截面内由高斯分布函数所描述。在离开中心的距离为 $r=\sqrt{x^2+y^2}=\omega(z)$ 处,振幅下降为 $1/e$。通常用 $r=\omega(z)$ 的圆来规定共焦腔基模的光斑尺寸,故 $\omega(z)$ 由式(3-10)给出。

$$\omega(z)=\omega_0\left[1+\left(\frac{\lambda z}{\pi\omega_0^2}\right)^2\right]^{\frac{1}{2}} \tag{3-10}$$

式(3-10)表明,腔中不同位置处的光斑尺寸各不相同(见图 3.19)。在共焦腔镜面上, $z=\pm\dfrac{L}{2}=\pm f$,此时

$$\omega(z)=\omega(\pm f)=\omega_{0s}=\sqrt{\frac{L\lambda}{\pi}} \tag{3-11}$$

在共焦腔的中心(即两镜面的公共焦点 $z=0$)处,$\omega(z)$ 得到极小值,即

$$\omega(0)=\frac{\omega_{0s}}{\sqrt{2}}=\omega_0=\sqrt{\frac{f\lambda}{\pi}}=\sqrt{\frac{L\lambda}{2\pi}} \tag{3-12}$$

通常称 ω_0 为共焦腔基模高斯光束的腰斑半径(或束腰),它是高斯光束的一个特征参量。

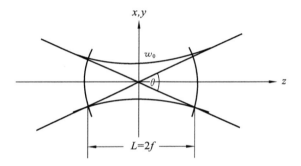

图 3.19 共焦腔基模高斯光束腰斑半径 ω_0

式(3-10)表明共焦场中基模的光斑尺寸随着坐标 z 变化按双曲线规律变化,即

$$\frac{\omega^2(z)}{\omega_0^2}-\frac{z^2}{f^2}=1 \tag{3-13}$$

2. 基模模体积

由于基模的光斑随 z 的变化而变化,因此,通常共焦腔基模模面积估算式为

$$V_{00}^0=\frac{1}{2}L\pi\omega_{0s}^2=\frac{\lambda L^2}{2} \tag{3-14}$$

下面的例子给出了模体积大小的数量概念。

对于腔长 $L=1\ \mathrm{m}$,放电管直径 $2a=2\ \mathrm{cm}$ 的共焦腔 CO_2 激光器($\lambda=10.6\ \mu\mathrm{m}$),其激活介质的体积 $V=314\ \mathrm{cm}^3$,而基模体积为

$$V_{00}^0=\frac{1}{2}L^2\lambda=5.3\ \mathrm{cm}^3$$

$$\frac{V_{00}^0}{V}=1.7\%$$

可见，共焦腔基模体积往往比整个激活介质的体积小得多，这对获得高功率的基模输出是不利的。

模体积的概念在激光振荡及腔体设计中都具有重要的意义。定性地讲，某一模式的模体积描述了该模式在腔内所扩展的空间范围，模体积越大，对该模式的振荡有贡献的激发态粒子数就越多，因而也就可能获得更大的输出功率；模体积越小，则对振荡有贡献的激光态粒子数就越少，输出功率也就更小。一种模式能否产生振荡，能获得多大的输出功率，它与其他模式的竞争能力如何，这些不仅取决于该模式损耗的高低，也与模体积的大小有密切的关系。

3. 远场发射角

式(3-13)表明，共焦腔的基模光束依双曲线规律从腔的中心向外扩展，由此不难求得基模的远场发射角。发散角(全角)定义为双曲线的两根渐近线之间的夹角(见图 3.19)，即

$$\theta = \lim_{z \to \infty} \frac{2\omega(z)}{z} \tag{3-15}$$

式中：$2\omega(z)$ 为光斑直径。

定义在基模振幅的 $1/e$(即基模强度的 $1/e^2$)处的远场发射角为

$$\theta_{1/e^2} = \lim_{z \to \infty} \frac{2\sqrt{\frac{L\lambda}{2\pi}\left(1+\frac{z^2}{f^2}\right)}}{z} = 2\sqrt{\frac{\lambda}{f\pi}} = \frac{2\lambda}{\pi\omega_0} \tag{3-16}$$

相应的计算表明，包含在发射角 θ_{1/e^2} 内的功率占高斯光束总功率的 86.5%。

由下面的例子可以获得共焦腔基模发散角的数量概念。某共焦腔 He-Ne 激光器。$L=30$ cm，$\lambda=0.6328$ μm，则由式(3-16)可求得

$$\theta_{1/e^2} = 2.3 \times 10^{-3} \text{ rad}$$

某共焦腔 CO_2 激光器，$L=1$ m，$\lambda=10.6$ μm，则有

$$\theta_{1/e^2} = 5.2 \times 10^{-3} \text{ rad}$$

可见，共焦腔基模光束的理论发散角具有毫弧度的数量级。当共焦腔激光器以 TEM_{00} 单模运转时，光束将具有优良的方向性。如果产生多模振荡，则由于高阶模的发散角随模的阶次增加而增大，因而光束的方向性将变差。

由式(3-12)、式(3-14)和式(3-16)可知

$$\omega_{0s} = \sqrt{2}\omega_0$$
$$V_{00}^0 = L\pi\omega_0^2$$
$$\theta_{1/e^2} = \frac{2\lambda}{\pi\omega_0}$$

即镜面上的光斑尺寸、基模体积和远场发散角等高斯光束的参数都可以通过模腰斑半径(束腰)ω_0 来表征，故束腰是高斯光束的一个特征量。

事实上，高斯光束的特性完全由腔长 L(或焦距 $f=L/2$)决定，与反射镜的横向尺寸 a 无关，所以，焦距 f 或腔长 L 也可作为高斯光束的特征量。将 ω_0 的表达式(3-12)代入以上诸式，可得

$$\omega_{0s} = \sqrt{\frac{L\lambda}{\pi}}$$

$$V_{00}^0 = \frac{L^2\lambda}{2}$$

$$\theta_{1/e^2} = 2\sqrt{\frac{2\lambda}{\pi L}}$$

由此可见,束腰、镜面上的光斑半径、基模体积和远场发散角等由腔长 L 决定。

例如,若腔长 $L=150$ cm 的氩离子激光器,采用共焦腔结构,则在基模工作时,对 $\lambda=514.5$ nm 的激光,高斯光束将有下述参数:束腰 $\omega_0=0.35$ mm;镜面上的光斑半径 $\omega_{0s}=0.49$ mm;基模体积 $V_{00}^0=0.58$ mm³;远场发散角 $\theta_{1/e^2}=0.9\times10^{-3}$ rad。

4. 等相面的分布

共焦腔的基模相位分布由式 $\Phi(x,y,z)=K\left(z+\dfrac{x^2+y^2}{2R(z)}\right)-\varphi(z)$ 表示。$\Phi(x,y,z)$ 随坐标 x、y、z 变化而变化,与腔的轴线相交于 z_0 点的等相面的方程由

$$\Phi(x,y,z)=\Phi(0,0,z_0)$$

给出。可以证明,相位函数 $\Phi(x、y、z)$ 与腔的轴线相交于 z_0 点的等相面是一个顶点位于 z_0 点的抛物面,在傍轴附近,抛物面与球面的区别很小,因此共焦腔中场的等相面可以近似地看做球面,与腔的轴线在 z_0 点相交的等相面的曲率半径为

$$R(z_0)=\left|z_0+\frac{f^2}{z_0}\right|=\left|f\left(\frac{z_0}{f}+\frac{f}{z_0}\right)\right| \tag{3-17}$$

图 3.20 表明了共焦场等相面方程中各参数的含义。

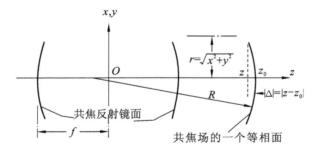

图 3.20　共焦场等相面方程 $z-z_0=\dfrac{r^2}{2R}$

当 $z_0>0$ 时,$z-z_0<0$,而当 $z_0<0$ 时,$z-z_0>0$。这就表示,共焦场的等相面都是凹面向着腔的中心($z=0$)的球面。等相面的曲率半径随坐标 z_0 变化而变化,当 $z_0=\pm f=\pm L/2$ 时,由式(3-17)可知,$R(z_0)=2f=L$,表明共焦腔反射镜与场的两个等相面重合。当 $z_0=0$ 时,$R(z_0)\to+\infty$;当 $z_0\to+\infty$ 时,$R(z_0)\to+\infty$。可见,通过共焦腔中心的等相面是与腔轴垂直的平面,距腔中心无限远处的等相面也是平面。共焦场的等相面的分布如图 3.21 所示。

综上所述,高斯光束在传播过程中,在 $z<0$ 处,是沿 z 方向传播的会聚球面波,当它到达 $z=0$ 处时,变成一个平面波,在 $z>0$ 处,又变成发散球面波,球面波的曲率中心随 z 的变化

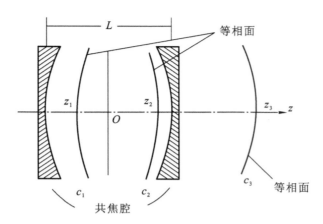

图 3.21　圆形镜面共焦腔中场的等相位面示意图

而变化。光在各处的光强分布为高斯分布。

5. 一般稳定球面腔与共焦腔的等价性

由上述共焦腔中场分布的特点可知,如果在场中任意一个等相面放置一个具有相同曲率半径的反射镜面,那么共焦腔中的场分布不会受到扰动。这个性质在下面讨论稳定球面腔与共焦腔的等价性中要用到。

由共焦腔的模或等相面的分布规律可以得出,任何一个共焦腔与无穷多个稳定球面腔等价,而任何一个稳定的球面腔也唯一地等价一个共焦腔。

在傍轴附近,共焦腔模式的等相面是球面,共焦腔中与腔的轴线相交点 z_0 处的等相面的曲率半径由式(3-17)给出,如果在共焦腔中的任意两个等相面上放置具有相同曲率半径的球面反射镜,则共焦场不会受到扰动。由这两个球面反射镜构成的新的球面谐振腔的振荡模与共焦腔的振荡模是相同的。由于任何一个共焦腔都有无穷多个等相面,所以可以用这种方法构成无穷多个等价的球面腔,而且这些球面腔都是稳定腔。例如,图 3.21 中 c_1 和 c_2,或 c_1 和 c_3 所构成的共轴球面腔都是这样的腔。相反,如果给定一个球面腔满足稳定条件,则只能找到唯一的共焦腔,其空间场的某两个等相面与给定球面腔的两个反射镜相重合,因而这两个腔的模式相同。下面给出由一个给定的稳定球面腔确定其等价共焦腔的方法。

图 3.22 所示是一稳定双凹球面腔,两个反射镜的曲率半径分别为 R_1 和 R_2,腔长为 L。根据上述论证,它唯一地等价一个共焦腔。现假定此共焦腔已经找到,如图 3.22 所示。理论上,完全可以确定该共焦腔中心的位置和它的焦距 f_0,而且是唯一确定的。

共焦腔中心 O 的位置由以下坐标确定:

$$\left.\begin{array}{l} z_1 = \dfrac{L(R_2-L)}{(L-R_1)+(L-R_2)} \\[4mm] z_2 = \dfrac{-L(R_1-L)}{(L-R_1)+(L-R_2)} \end{array}\right\} \tag{3-18}$$

式中的坐标分别为双凹腔的两个反射镜以 O 点为原点的位置坐标,显然 $z_1<0,z_2>0$。等价共焦的焦距为

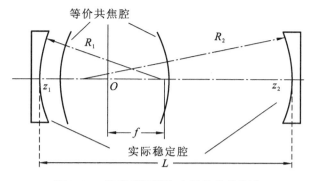

等价共焦腔

R_1

R_2

z_1　　O　　z_2

f

实际稳定腔

L

图 3.22　稳定球面腔和它的等价共焦腔

$$f_0^2 = \frac{L(R_1 - L)(R_2 - L)(R_1 + R_2 - L)}{[(L - R_1) + (L - R_2)]^2} \qquad (3\text{-}19)$$

这样,可以利用共焦腔基模光斑尺寸 $\omega(z)$ 关系式(3-10)来确定一般稳定球面腔的基模光斑尺寸在腔内的分布情况。将式(3-18)和式(3-19)代入式(3-10)可以得到在两个凹面球面反射镜上的光斑尺寸,即

$$\left. \begin{aligned} \omega_{s1} &= \sqrt{\frac{L\lambda}{\pi}} \left[\frac{g_2}{g_1(1 - g_1 g_2)} \right]^{1/4} \\ \omega_{s2} &= \sqrt{\frac{L\lambda}{\pi}} \left[\frac{g_1}{g_2(1 - g_1 g_2)} \right]^{1/4} \end{aligned} \right\} \qquad (3\text{-}20)$$

式中:g_1、g_2 是球面腔的 g 参数,由式(3-20)可以看出,该式只适用于稳定腔,即 $0 < g_1 g_2 < 1$。如果 $g_1 g_2 > 1$ 或 $g_1 g_2 < 0$,则 ω_{s1} 和 ω_{s2} 将成为复数,这显然是没有意义的。

如果球面腔的球面反射镜的曲率半径趋于无穷大,即 $R_1 \to +\infty$,$R_2 \to +\infty$,这种极端的情况即为平行平面腔。将 R_1 和 R_2 代入式(3-18)和式(3-19),有

$$\left. \begin{aligned} z_1 &= -\frac{L}{2}, \ z_2 = \frac{L}{2} \\ f_0 &\to +\infty \\ \omega_{0s} &\to +\infty \\ R(z) &\to +\infty \\ \theta_{1/2} &\to 0 \\ v_{mnq} &\to q \frac{c}{2nL} \end{aligned} \right\} \qquad (3\text{-}21)$$

由此可见,平行平面腔镜面上的光斑尺寸趋于无穷大,等相面为平面,光束发散角趋于零,即光束接近平行光,谐振腔频率趋近于平面波的驻波频率,事实上,$\omega_{0s} \to +\infty$ 是没有物理意义的,而 $\theta_{1/2} \to 0$ 也不可能。所以式(3-21)不能提供关于平行平面腔模性质的确切知识。

3.3.2　衍射损耗

损耗的大小是评价谐振腔的一个重要指标,也是腔模理论的重要研究课题。下面主要对无源(非激活)开腔的损耗进行一些一般的分析。

1. 开腔的损耗及其描述

光学开腔的损耗大致包含如下几个方面。

（1）几何偏折损耗。

光线在腔内往返传播时，可能从腔的侧面偏折出去，称这种损耗为几何偏折损耗。几何偏折损耗的大小首先取决于腔的类型和几何尺寸，例如，稳定腔内傍轴光线的几何偏折损耗应为零，而非稳腔则有较高的几何偏折损耗。以非稳腔而论，不同几何尺寸的非稳定腔，其损耗大小亦各不相同。其次，几何偏折损耗的高低因模式的不同而有差异。比如，同一平行腔内的高阶横模由于其传播方向与轴的夹角较大，因而其几何偏折损耗也比低阶横模的要大。

（2）衍射损耗。

由于腔的反射镜面通常具有有限大小的孔径，因而当光在镜面上发生衍射时，必将造成一部分能量损失。衍射损耗的大小与腔的菲涅耳数 $N = a^2/L\lambda$ 有关，与腔的几何参数 g 有关，而且不同模式其衍射损耗也不相同。

（3）腔镜反射不完全引起的损耗。

它包括镜中的吸收、散射，以及镜的透射损耗。通常，光腔至少有一个反射镜是部分透射的，有时透射率还很高（如某些固体激光器的输出镜透射率可达 50%），另一个反射镜即使为通常所称的"全反射"镜，其反射率也不可能做到 100%。

（4）工作物质的非激活吸收、散射，以及腔内插入物（如布儒斯特窗、调 Q 元件、调制器等）所引起的损耗。

上述前两种损耗通常又称为选择损耗，因为不同模式的几何偏折损耗与衍射损耗各不相同。后两种损耗称为非选择损耗，在一般情况下它们对各个模式都一样。

不论损耗的起源如何，都可以引进单位距离平均损耗因子 δ 来定量地加以描述。该因子的定义如下：如果初始出发时光强为 I_0，在无源腔（腔长为 L）内往返一次后，光强衰减到 I_1，则总可以写成

$$I_1 = I_0 e^{-2\delta L} \tag{3-22}$$

由此得出

$$\delta = \frac{1}{2L} \ln \frac{I_0}{I_1} \tag{3-23}$$

如果损耗是由多种因素引起的，每一种原因引起的损耗以相应的损耗因子 δ 表示，则有

$$I_1 = I_0 e^{-2(\delta_1 + \delta_2 + \cdots)L} = I_0 e^{-2\delta L} \tag{3-24}$$

式中：

$$\delta = \sum \delta_i = \delta_1 + \delta_2 + \delta_3 + \cdots \tag{3-25}$$

表示由各种原因引起的总损耗因子，它为相应的各个损耗因子的总和。

2. 光子在腔内的平均寿命

由式（3-22）不难求得，在腔内往返 m 次后，光强将变成

$$I_m = I_0 (e^{-2\delta L})^m = I_0 e^{-2m\delta L} \tag{3-26}$$

如果取 $t=0$ 时刻光强为 I_0，则到时刻 t 为止光在腔内往返的次数 m 应为

$$m = \frac{t}{2L/c} \tag{3-27}$$

式中:L 为腔长;c 为真空中光速。将上式代入式(3-26)即可求得时刻 t 的光强为

$$I(t) = I_0 \mathrm{e}^{-t/\tau_\mathrm{R}} \tag{3-28}$$

式中:

$$\tau_\mathrm{R} = \frac{1}{\delta c} \tag{3-29}$$

称为腔的时间常数,它是描述光腔性质的一个重要参数。从式(3-28)可以看出,当 $t = \tau_\mathrm{R}$ 时,有

$$I(\tau_\mathrm{R}) = \frac{I_0}{\mathrm{e}} \tag{3-30}$$

即经过 τ_R 这段时间后,腔内光强衰减至初始光强的 $1/\mathrm{e}$,由式(3-29)可知,δ 越大,τ_R 越小,即腔的损耗越大,腔内光强衰减得越快。

也可以从光的观点理解 τ_R 的意义。设时刻 t 腔内光子数密度为 $\varphi(t)$,它与光强 $I(t)$ 的关系为

$$I(t) = \varphi h \nu \upsilon \tag{3-31}$$

式中:h 为普郎克常数;ν 为光的频率;υ 为光的传播速度。将上式代入式(3-28)得出

$$\varphi(t) = \varphi_0 \mathrm{e}^{-t/\tau_\mathrm{R}} \tag{3-32}$$

式中:φ_0 为 $t = 0$ 时刻的光子数密度。上式表明,由于损耗的存在,腔内光子数将随时间依指数律衰减,到 $t = \tau_\mathrm{R}$ 时刻,光子数衰减为初始光子数 φ_0 的 $1/\mathrm{e}$。将上式微分,得到任意时间间隔 $t \sim (t + \mathrm{d}t)$ 内减少的光子的数为

$$-\mathrm{d}\varphi = \frac{\varphi_0}{\tau_\mathrm{R}} \mathrm{e}^{-t/\tau_\mathrm{R}} \mathrm{d}t$$

显然,这些光子的寿命为 t,即在 $0 \sim t$ 这段时间内它们存在于腔内,而再经过无限小的时间间隔 $\mathrm{d}t$ 后,它们就不存在腔内了。由此可以计算所有 φ_0 个光子的平均寿命为

$$\bar{t} = \frac{1}{\varphi_0} \int (-\mathrm{d}\varphi) t = \frac{1}{\varphi_0} \int_0^\infty t \left(\frac{\varphi_0}{\tau_\mathrm{R}} \right) \mathrm{e}^{-t/\tau_\mathrm{R}} \mathrm{d}t = \tau_\mathrm{R} \tag{3-33}$$

即腔内光子的平均寿命为 τ_R。故从光子的观点来看,可以把腔的时间常数 τ_R 理解为光子在腔内的平均寿命。由式(3-29)可知,腔的损耗越小,腔内光子的平均寿命就越长。

将式(3-25)代入式(3-29),可得到如下的关系式:

$$\frac{1}{\tau_\mathrm{R}} = \delta c = \delta_1 c + \delta_2 c + \delta_3 c + \cdots$$
$$= \frac{1}{\tau_1} + \frac{1}{\tau_2} + \frac{1}{\tau_3} + \cdots = \sum_n \frac{1}{\tau_n} \tag{3-34}$$

式中:$\tau_n = \frac{1}{\delta_n c}$ 为由损耗因子 δ_n 所决定的光子寿命。式(3-34)表明,存在着各种损耗因素的情形下,光子在腔内寿命的倒数等于由各个损耗过程所各自决定的寿命的倒数之和。如果某一种损耗的数量级比其他损耗的都高,则光子寿命将主要取决于这种损耗的大小。

3. 无源腔的 Q 值

无论是 LC 振荡回路、微波谐振腔,还是光频谐振腔,都普遍地采用品质因数 Q 来表示腔的特性。谐振腔 Q 值的普遍定义为

$$Q=\omega \frac{\varepsilon}{P}=2\pi\nu \frac{\varepsilon}{P} \tag{3-35}$$

式中:ε 为储存在腔内的总能量;P 为单位时间内损耗的能量;ν 为腔内电磁场的振荡频率。

如果以 V 表示腔内的振荡光束的体积,φ 表示腔内光子数密度,则对光子在腔内的均匀分布的情况,可得到腔内总储能 ε 为

$$\varepsilon=\varphi h\nu V \tag{3-36}$$

而单位时间内光能的减少(即能量损耗率)为

$$P=-\frac{d\varepsilon}{dt}=-h\nu V\frac{d\varphi}{dt} \tag{3-37}$$

将以上两式代入式(3-35)并考虑到式(3-32),得

$$Q=\omega\tau_R=2\pi\nu\frac{1}{\delta c} \tag{3-38}$$

这里是光频率谐振腔 Q 值的一般表达式。由式(3-38)可看出,腔的损耗越小,Q 值越高。

将式(3-34)代入式(3-38),便得到腔内同时存在几种损耗时总的 Q 值与各损耗决定的 Q_n 值之间的关系

$$\frac{1}{Q}=\frac{1}{Q_1}+\frac{1}{Q_2}+\frac{1}{Q_3}+\cdots=\sum_n\frac{1}{Q_n} \tag{3-39}$$

式中:

$$Q_n=\omega\tau_n=2\pi\nu_0\frac{1}{\delta_n c} \tag{3-40}$$

是由各损耗因子 δ_n 所决定的腔的品质因数。

4. 无源腔的本征振荡模式线宽

因为光的强度与光场的振幅平方成比例,由式(3-28)便可推知光场的振幅为

$$A(t)=A_0 e^{-t/2\tau_R}$$

而光场则可表示为

$$E(t)=A(t)e^{-i\omega t}=A_0 e^{-t}/2\tau_R e^{-i\omega t} \tag{3-41}$$

式中:ω 为光波的角频率。由频谱分析可知,形如式(3-41)所示的衰减振动,具有有限的频谱宽度 $\Delta\nu_c$ 为

$$\Delta\nu_c=\frac{1}{2\pi\tau_R}=\frac{\delta c}{2\pi} \tag{3-42}$$

这就是光腔中本征振荡模式的谱线宽度。图 3.23 中每一个纵模的谱线宽度 $\Delta\nu_c$ 就是指的这一宽度。可以看出,腔的损耗越低,则光子的平均寿命就越长,从而模式谱线宽度就越窄。

利用前述 Q 值的表达式,可以将腔的模式线宽表示为

$$\frac{\Delta\nu_c}{\nu}=\frac{1}{Q}$$

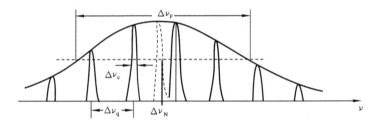

图 3.23　各种线宽的相互关系示意图

或

$$\Delta \nu_c = \frac{\nu}{Q} \tag{3-43}$$

综上所述,上面定义的三个量 δ、τ_R 和 Q 都与腔的损耗有关,因而都可以作为腔损耗的量度。同时,它们又决定腔的模式线宽。在实际应用中,有时选用某一量将显得更方便。例如,用 δ 来描述腔损耗的大小及确定振荡阈值是比较合适的,如果想描述腔内光强随时间变化的行为,则采用 τ_R 时意义更明显;当需要确定腔的模式线宽时,用 Q 值将更直接。

顺便指出,在激光技术中,有几种有意义的"谱线宽度"。一种是原子谱线宽度,它指的是激光工作物质中原子自发发射的线谱宽度,它一般是经过增宽了的荧光线宽,比原子谱线的自然宽度要大。激活介质的增益曲线的宽度就是指这一线宽。另一种就是本节所介绍的腔的本征振荡模式线宽,它由腔的损耗所决定。第三种是真正的振荡线宽,在第 2 章已讨论。表 3.1 列举了几种线宽的数量级。

表 3.1　几种线宽的数量级

线宽类型	数量级
原子自然线宽	$\Delta \nu_N \approx 10^6$ Hz
展宽了的原子线宽	对低压气体,$\Delta \nu_F \approx 10^8 \sim 10^9$ Hz; 对固体、半导体,$\Delta \nu_F \approx 10^{11} \sim 10^{13}$ Hz
腔的本征振荡模式线宽	$\Delta \nu_c \approx 10^6 \sim 10^8$ Hz
激光的线宽极限	$\Delta \nu_s \approx 10^{-2} \sim 10^{-3}$ Hz

3.4　连续运转激光器中稳定状态的工作特性

激光器中的稳定状态在建立过程中,介质增益饱和起着关键作用,而均匀增宽和非均匀增宽谱线的饱和行为有显著的区别。当同时考虑腔内存在增益介质和产生激光振荡条件后,不难理解,只有频率处于增益曲线范围内的有限个纵模,才有可能在有源腔内存在。如果进一步考虑增益饱和效应,可以最终确定激光腔输出的模式。因为增益饱和效应有两类,即均匀增宽增益饱和效应和非均匀增宽增益饱和效应,两者对激光器输出的激光模式的影响是不同的,所以均匀增宽激光器和非均匀增宽激光器的振荡特性不同。下面分均匀增宽和非均匀增宽两种情况进一步讨论激光器的工作特性。

3.4.1 均匀增宽谱线稳定态激光的工作特性

图 3.24 所示是均匀增宽激光器振荡特性示意图。图中平行于频率轴的直线表示损耗线（即 $G(\nu) = \alpha(\nu)$），在损耗线上的均匀增宽增益曲线的线宽为 $\Delta\nu_0$，其中包含有五个纵模起振后产生增益饱和效应，使整个增益曲线均匀下降，从而使偏离中心频率 ν_0 较远的模由于失去增益而停振，最后只剩下离 ν_0 最近的模达到稳定振荡的条件，即 $G(\nu) = \alpha(\nu)$。因此，理想的均匀增宽激光器最终可以实现单模输出。

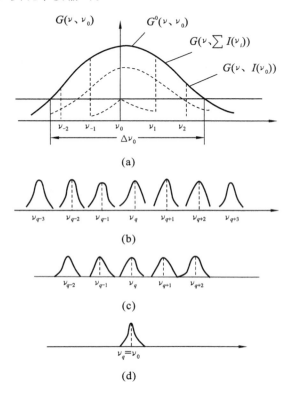

图 3.24 均匀增宽激光器的振荡特性示意图

(a) 增益和损耗曲线；(b) 腔内可能模式；(c) 可起振模式；(d) 激光输出模式

以上讨论说明，在均匀增宽激光器中，几个满足振荡条件的纵模在振荡过程中通过饱和效应互相竞争，结果总是靠近中心频率 ν_q 的一个纵模占优势形成稳定振荡，其他纵模被抑制而熄灭，这种过程称为模的竞争。因此，一般情况下，均匀增宽稳定激光器的输出总是单纵模的，单纵模频率总是在谱线中心频率附近。

但是，实际上，在均匀增宽激光器中，当激发较强时，也可能有较弱的其他振荡纵模出现。激发越强，振荡模式就越多，这样便出现多纵模运转情形。

模的竞争效应会引起激光的"跳模"现象。这种跳模现象在内腔式气体激光管刚开始点燃时特别明显。跳模现象是指激光输出功率不断起伏，当精细测量其频率时，可以看到它有如图 3.25 所示的变化。它的频率逐渐变小,到某一时刻又会发生跳跃而突然增大,此后又不断变化,重复上述过程,因而它的频率始终在谱线的中心频率 ν_q 附近变化。此现象可解释如下。

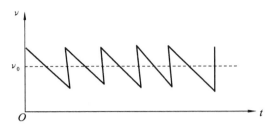

图 3.25 跳模现象

当激光管开始工作时,频率 ν_q 的纵模比频率为 ν_{q-1} 和 ν_{q+1} 的纵模有较大的增益系数,如图 3.26(a)所示,模的竞争结果将使 ν_q 模建立振荡,而 ν_{q+1} 模被抑制掉。当激光管在点燃过程中温度升高,工作物质长度增大时,ν_q 和 ν_{q+1} 将随之不断减少,l 增加到一定程度时 $\left(\Delta l = \dfrac{\lambda}{2} \right)$,$\nu_{q+1}$ 纵模将比 ν_q 纵模有较大的增益系数,如图 3.26(b)所示,因而频率为 ν_{q+1} 的光强将不断增大,而 ν_q 的振荡被抑制下去。这样,激光振荡频率就发生由 ν_q 到 ν_{q+1} 的突变,这就叫发生一次跳模。随着腔的继续伸长,这种跳模现象不断发生,激光频率就始终在 $\nu_0 \pm \dfrac{c}{4nL}$ 的范围内来回变化。

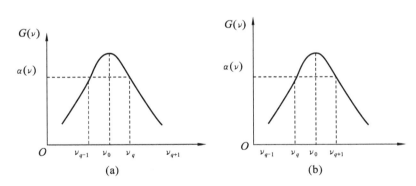

图 3.26 跳模现象的形成

3.4.2 非均匀增宽谱线稳定态激光器的工作特性

在非均匀增宽激光器中,假设有多个纵模满足振荡条件,由于某一纵模光强的增大,并不会使整个增益曲线均匀下降,而只是在增益曲线上形成一个烧孔。所以,只要纵模间隔足够大,各纵模基本上互不相干,则所有小信号增益系数大于 $\alpha(\nu)$ 的纵模都能稳定振荡。因此,在非均匀增宽激光器中,一般都是多纵模振荡。由图 3.27 可知,当外界激励增强时,小信号增益系数增大,使满足振荡条件的纵模个数增加,因而激光器的振荡模式数目增加。

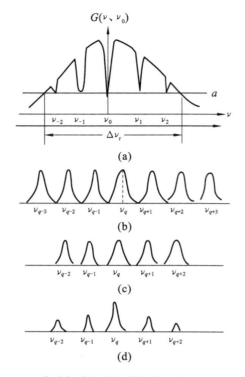

图 3.27   非均匀增宽激光器的增益曲线及振荡模谱
(a) 增益和损耗曲线;(b) 腔内可能模式;(c) 可起振模式;(d) 激光输出模式

在非均匀增宽激光器中,每一个纵模所消耗的反转粒子数正比于相应的烧孔面积,所以,各纵模的功率正比于相应的烧孔面积,总功率正比于各烧孔面积的总和。

现在讨论,在多普勒(非均匀)增宽气体激光器(如 He-Ne 激光器)中,输出功率 P 与纵模频率之间的关系。频率为 ν_q 的模振荡建立,将在增益曲线上的 ν_q 和 $\nu'_q = 2\nu_0 - \nu_q$ 两处(ν_q 与 ν'_q 对称分布在 ν_0 两侧)造成烧孔,也就是速度分别为

$$v_z = c(\nu_q - \nu_0)/\nu_0 \qquad\qquad (3\text{-}44)$$

和

$$v_z = -c(\nu_q - \nu_0)/\nu_0 \qquad\qquad (3\text{-}45)$$

的两部分粒子对频率 ν_q 的激光有贡献。如图 3.16 所示,当 $\nu = \nu_1$,$G(\nu_1) = \alpha(\nu)$(见图 3.28(a)),输出功率 $P = 0$(见图 3.28(b))。

当 $\nu = \nu_2$ 时,激光振荡将在增益曲线的 ν_2 及 $\nu'_2 = 2\nu_0 - \nu_2$ 处造成两个凹陷(烧孔),也就是说,速度为 $v_z = c(\nu_2 - \nu_0)/\nu_0$ 及速度为 $v_z = -c(\nu_2 - \nu_0)/\nu_0$ 的两部分粒子对频率 ν_2 的激光有贡献。激光功率 P_2 正比于这两个烧孔面积之和。

当 $\nu = \nu_3$ 时,由于烧孔面积增大,所以输出功率 P_3 比 P_2 大。

当频率 ν 接近 ν_0,且 $|\nu - \nu_0| < \dfrac{\Delta\nu_s}{2}\sqrt{1 + \dfrac{I_\nu}{I_s}}$ 时,两个烧孔部分重叠,烧孔面积之和可能小于 $\nu = \nu_3$ 时两个烧孔的面积之和,因此 $P < P_3$。当 $\nu = \nu_0$ 时,两烧孔完全重叠,此时只有 $\nu_z = 0$ 附近

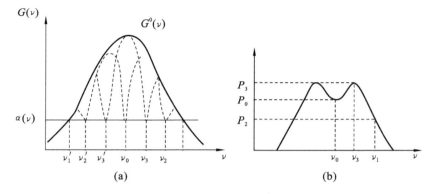

图 3.28　兰姆凹陷的形式

的粒子对激光有贡献。虽然它对应着最大的小信号增益,但由于对它作贡献的反转粒子数减少了一半,即烧孔处面积减小了,所以它的输出功率 P_0 下降到某一极小值,这样,在 P-ν 关系曲线上,在中心频率 ν_0 处便出现凹陷,称为兰姆凹陷。这一特性在稳频技术中有重要应用。

由于两个烧孔面积在 $|\nu-\nu_0|<\dfrac{\Delta\nu_c}{2}\sqrt{1+\dfrac{I_\nu}{I_s}}$ 时开始重叠,所以,兰姆凹陷的宽度 $\delta\nu$ 大致等于烧孔宽度,即

$$\delta\nu=\Delta\nu_c\sqrt{1+\frac{I_\nu}{I_s}} \tag{3-46}$$

当激光管的气压增高时,碰撞线宽 $\Delta\nu_c$ 增宽,因而兰姆凹陷变宽、变浅。当气压很高时,谱线增宽以均匀增宽为主,这时兰姆凹陷也就消失了。图 3.29 所示为不同气压 p_1、p_2、p_3 下输出功率 P 随频率 ν 的变化曲线,图中 $P_3>P_2>P_1$。

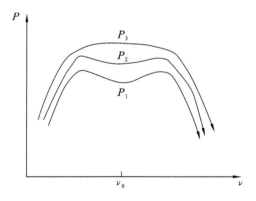

图 3.29　不同气压输出功率与频率的关系

3.5　思考与练习题

1. 光学稳定腔的含义是什么,并用数学式表达共轴球面腔的稳定条件。
2. 简述共焦光学谐振腔的特点,并做出其腔内振荡光路图。

3. 光学谐振腔的作用是什么？

4. 一光学谐振腔由曲率半径 $R_1 = -1$ m，$R_2 = 1.5$ m 的反射镜组成。试问该腔为稳定腔所允许的腔长 L 是多大？

5. 要制作一腔长 $L = 60$ cm 的对称稳定腔，则反射镜的取值范围如何？若反射镜的一块反射镜曲率半径 $R_1 = 4L$，计算另一块反射镜曲率半径的取值范围。

6. 一台 He-Ne 气体激光器采用对称共焦腔，振荡波长为 632.8 nm，若腔镜上的基模光斑尺寸为 0.5 mm，则谐振腔腔长为多少？

7. 试证明高斯光束的发散度约为相同直径的平行光束发散度的一半。

8. He-Ne 激光器以 TEM_{00} 模振荡，中心波长 $\lambda = 0.6328$ μm。若该谱线的增益线宽为 1500 MHz，激光器谐振腔长为 30 cm。求：

   (1) 激光器纵模频率间隔；

   (2) 激光器中可能同时激发的纵模数；

   (3) 若采用缩短腔长法获得单纵模振荡，试估计激光器谐振腔长的最大允许值。

9. 试证明共焦腔基模在镜面处光斑半径为腔中心处光斑半径的 $\sqrt{2}$ 倍。

10. 求对称共焦腔模场等相曲率半径的极小值及其位置。

11. 腔长为 0.5 m 的氩离子激光器，发射中心频率 $\nu_0 = 5.85 \times 10^{14}$ Hz 谱线，增益谱线宽度为 6×10^8 Hz，问它可能有几个纵模？相应的 Q 值为多少？（设折射率 $n = 1$）

12. 今有一球面腔，$R_1 = 1.5$ m，$R_2 = -1$ m，$L = 80$ cm。试证明该腔为稳定腔，求出它的等价共焦腔的参数，并在图上画出等价共焦腔的具体位置。

13. 某高斯光束腰斑大小 $\omega_0 = 1.14$ mm，$\lambda = 10.6$ μm。求与束腰相距 30 cm、10 m、1000 m 远处的光斑半径 ω 及波前曲率半径 R。

14. 从一激光器输出的 TEM_{00} 模高斯激光束通过一光阑，若光阑的半径恰好等于激光束到达光阑时的光斑尺寸，问有百分之几的激光束总能量穿过该光阑？

第 **4** 章

典型激光器

4.1 激光器的基本结构

激光一词原本是指其发生原理,现在却往往代表整个发生装置。激光发生器的基本结构如图 4.1 所示。激光器主要由激光工作介质、泵浦源和谐振腔等三大要素构成。此外,还可添加光控部件。

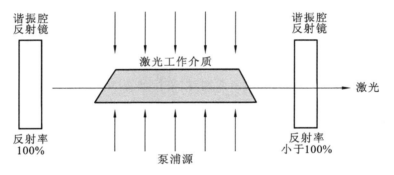

图 4.1 激光器的基本结构

下面归纳一下激光形成的全过程。激光工作介质受到泵浦源的激励被激活,介质中的激光粒子跃迁至高能级(上能级),随后又自发跃迁至下能级,产生**自发辐射**。这些自发辐射光子的传播方向各异,只有沿谐振腔轴线方向传播的光才能被反射镜反射。当上能级中的粒子与反射光子具有全同性时,产生**受激辐射**,即上能级中的粒子跃迁至下能级。不久,整个介质受激辐射达到饱和,形成同波长、同相位的光波,称为**驻波**。它的一部分作为激光从输出镜(部分反射镜)一端输出。

根据使用目的,可以对输出激光或光学谐振腔进行调节。通过改变收集光向,或改变强度、偏转方向使输出功率在空间保持恒定。有时也可以通过抑制发射谱线的线宽,获得单一波长的光。为此,通常在谐振腔内部或外部使用光控因子。下面就各要素的作用加以说明。

气体、固体、液体均可作为激光工作介质,当工作介质受到泵浦源粒子激励时,上能级上便会聚集大量的粒子,从而形成粒子数**反转分布**。

固体工作介质是以掺入的杂质离子作为激活粒子,当它受到高辉度泵浦闪光灯照射时,掺杂的离子在光能作用下被激发。与气体相比,固体工作介质形成反转分布的粒子密度更高,可以获得更高的输出功率。同样,液体工作介质受到泵浦闪光灯或激光的照射时,液体中的分子受激励而产生振荡发射。

气体工作介质的特点是激光介质电离化是一个从绝缘体变化为导体的过程。通过气体放电赋予等离子体中的离子和电子以能量,并以此作为泵浦源汇聚上能级的粒子数。该方法称为**放电激励**。还有一种方法,它是利用高能电子束作为泵浦源收集上能级的粒子数,该方法称为**电子束激励**,常用于高功率激光输出的情况。

为了能够在放电激励下获得高能量密度的激光介质,需要在高气压(一个大气压或以上)下放电,但重要的是介质中产生均匀的等离子体。为此,需在主放电之前预先在介质中建立均匀的初始电子密度,即**预电离**。用于预电离电子的引发源有 X 射线、紫外线等。准分子激光器和脉冲式 CO_2 激光器均采用预电离技术。

此外,还可以利用外部产生的电子束照射激光介质形成预电离,称之为**电子束控制放电**。因此,电子束的作用有两个,即直接作为收集上能级粒子数的泵浦源(电子束激励)和作为等离子体放电引发源的预电离(电子束控制放电)。

自由电子激光器的辐射源是在真空中螺旋加速的高能电子束,激光波长可通过改变螺旋周期和电子束能量大小来调谐。半导体激光器虽然属于固体激光器,但它是依靠电流流经介质产生电子和空穴的复合过程形成光辐射的,因此,不需要外部的泵浦源。

谐振腔的作用是形成驻波,通常由两面相对、平行放置的反射镜构成。为了使一部分激光输出,谐振腔一端的反射镜并不是反射全部的光,即反射率小于 100%。谐振腔分为稳定腔和非稳定腔两种,详细叙述可参见第 3 章内容。

表 4.1 介绍了常用的光控部件及其作用。实际上,激光发射谱线并不是严格的单色光,而是具有一定的频率宽度。若要选取某一特定波长的光作为激光输出,可以在谐振腔中加入波长选择部件。例如,在谐振腔中插入一对平行平面板标准具,可使谱线线宽变得非常小。

表 4.1 主要的光学因素和特征

光控部件	部件名称	目 的	种 类
波长控制	棱镜	分离波长 改变偏振光、光轴 图像反转、回转	—
	衍射光栅	分离波长	透射式衍射光栅 反射式衍射光栅

光控部件	部 件 名 称	目 的	种 类
输出控制	滤光器	改变透过的光强,选择波长、偏振光方向	光扩射滤光片、网格滤光片、干涉滤光片、偏振光滤光片
	布儒斯特窗反射镜	降低反射损耗	石英等
	反射镜	控制光的反射、反射量	石层介质膜输出镜、金属膜输出镜、半反镜
	棱镜	光的聚焦和成像	凸透镜、凹透镜
	锁模	控制光量 控制模式	—
	偏光开关	控制和选择激光输出	—
	Q 开关	控制激光输出(相当于快门)	—
偏振光控制	偏振器	使用单一方向的偏振光	—
	波片	控制偏振光	—
模式控制	标准仪	模式选择因子	—
其他	光纤	光的传输	—
	光隔离器	抑制反射激光,防止寄生发射	法拉第旋转器、波科尔斯盒
	调制器	控制脉冲时间	—
	检测器	测定功率、能量、谐振时间等光学特性	—

4.2　固体激光器

4.2.1　固体激光器概述

　　固体激光器是由激光工作物质、泵浦源、谐振腔等部分组成的。激光工作物质是在固体基质材料(晶体或玻璃)中掺杂少量可产生激光的激活离子,主要采用三价的稳定离子,如 Cr^{3+} 、Nd^{3+} 、Yb^{3+} 、Tm^{3+} 、Ho^{3+} 、Er^{3+} 、Ti^{3+} 等。该激活离子受到泵浦源(闪光灯、半导体激光等强泵浦光)作用产生光激励,在固体激光材料中形成粒子数反转分布,并以其本身固有的波长发射。

　　固体激光器工作物质的形状有圆柱形(棒状)、板条形(平板形)、圆盘形和管状等。图 4.2 所示是一种典型固体激光器的结构,它是通过泵浦来激励棒状工作物质。自从 1960 年美国的梅曼(Maiman)制造出第一台波长为 694.3 nm 的红宝石激光器以来,固体激光器获得了迅速发展。

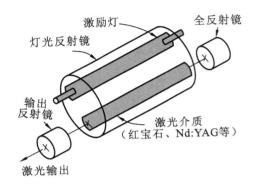

图 4.2 泵浦激励棒状工作物质的固体激光器

最近,以**半导体二极管激光**(laser diode,LD)作为激励源的固体激光器的研制取得了长足的进步,并取代了闪光灯泵浦源,其结构原理如图 4.3 所示,**LD 泵浦固体激光器**也称作DPSSL(diode pumped solid-state laser),正是因为激光光源是固体半导体,所以被称作全固化激光器。DPSSL 作为一种高效率(高于 10%)、长寿命工作方式达几万小时,脉冲工作方式可达 10~1000 亿次的固体激光器,正逐步取代一直被广泛应用的气体激光器和染料激光器。

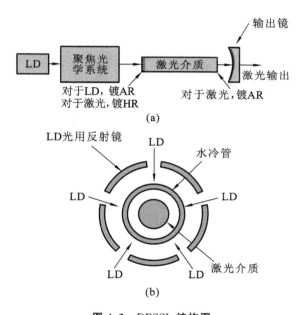

图 4.3 DPSSL 结构图
(a) LD 端面激励;(b) LD 侧面激励

4.2.2 一般固体激光器

如图 4.4 所示,按照激活离子的能级分类,固体激光器主要有四能级、准三能级和三能级三种类型。

当室温 $T=300$ K、热能 $kT=0.695$ cm^{-1} · K^{-1} ×300 K＝208.5 cm^{-1} (k 为玻尔兹曼常量)，激光下能级的能量 E_{12} 非常大($E_{12} \gg kT$)时，称为四能级固体激光器，如图 4.4(a)所示；同等程度或小于热能($E_{12} < kT$)时，称为准三能级固体激光器，如图 4.4(b)所示；当 $E_{12}=0$ 时，称为三能级固体激光器，如图 4.4(c)所示。图中能级 3 的荧光寿命为 $0.2\sim3$ ms，属能量储存型激光器。

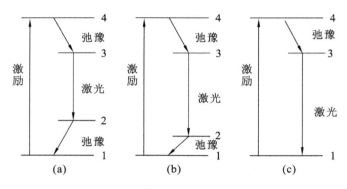

图 4.4　固体激光器的能级跃迁图

(a) 四能级系统；(b) 准三能级系统；(c) 三能级系统

例如，前面所述的世界上第一台波长为 694.3 nm 的红宝石固体激光器就属于三能级固体激光器。在闪光灯或氩离子激光器的强光激励下，基态 1 上的 Cr^{3+} 泵浦至能级 4 上，随后通过弛豫迁移到荧光寿命 3 ms 的能级 3 上，于是在能级 3 和能级 1 之间形成粒子数反转分布。通常，能级 3 发射激光需要很强的泵浦。

Nd：YAG 激光器、Nd：玻璃激光器属四能级激光器。波长为 1064 nm 的 Nd：YAG 激光器的 $E_{12}=2111$ cm^{-1}，约是室温热能的 10 倍，激光下能级 2 相对基态 1 的分布比例遵循玻尔兹曼分布。

$$\exp\left(-\frac{E_{12}}{kT}\right)=\exp\left(-\frac{2111 \text{ cm}^{-1}}{208.5 \text{ cm}^{-1}}\right)=4\times10^{-5} \tag{4-1}$$

由于几乎不被热激发，所以在能级和能级之间很容易形成粒子数反转分布，得到 CW 或脉冲式的激光输出。

不过，准三能级 Nd：YAG 激光器的激光下能级能量 $E_{12}=612$ cm^{-1}，是室温热能的 3 倍，Yb^{3+} 激光下能级 2 上产生的热激励为

$$\exp\left(-\frac{612}{208.5}\right)\times100=5.3\%\delta_{60}^{5} \tag{4-2}$$

因此，通过高功率 LD 进行高强光(大于 10 kW/cm^2)激励，可使基态 1 的原子数减少，进而减少能级 2 的原子数，使之如同四能级激光器一样高效运作。总之，能级 3 的荧光寿命必须很长，通常，波长为 1064 nm 的 Nd：YAG 激光器为 0.23 ms，波长为 1030 nm 的 Nd：YAG 激光器为 0.95 ms，波长为 694.3 nm 的红宝石激光器为 3 ms。正因为这三种长寿命的固体激光器能够将光激励的能量贮存到激光上能级上，所以，通过 Q 开关或激光放大器就可获得高输出功率的脉冲激光。也就是说，它更适于脉冲激光输出。

4.2.3 新型固体激光器

在基质材料中掺杂激活离子作为工作介质的各种类型及波长的固体激光器正处于实用化阶段。目前,固体激光器的研制取得了惊人的进步,被誉为是固体激光器的复兴时代。这里,以 DPSSL 为例略加介绍。

20 世纪 80 年代以来,高功率、高效率、长寿命的 LD 的开发进展迅速,随着 LD 价格的降低,DPSSL 也逐渐被人们所关注,用于激励固体激光工作介质的 LD(波长区)主要有 InGaAsP (1300~1500 nm)、InGaAs(900~1000 nm)、AlGaAs(780~810 nm)、AlGaInP(615~690 nm)。采用对上述 LD 的工作波长区有强吸收谱线的固体激光材料,可实现掺杂光纤激光器(1450 nm 以上)、波长可调谐激光器、色心激光器等多种多样的 DPSSL。表 4.2 汇总了主要的 DPSSL。

表 4.2 主要的 DPSSL

激励用 LD		LD 激励固体激光			
种类	发射波长区/nm	激光介质材料	发射波长区/nm	荧光寿命/ms	激励波长区/nm
InGaAs	900~1000	Yb:YAG	1030	0.95	940±9
		Yb:S-FAG	1040	1.1	900
		Yb:YLE	1020	2.16	962
		Yb:Er:glass	1545±12	7	970
		Er:Fiber	1530	9	980
		Er:YAG	2937	0.1	960
AlGaAs	780~810	Nd:YAG	1064	0.23	807±2
		Nd:YVO₄	1064	0.080	807±4
		Nd:YLF	1047	0.520	798
		Nd:glass	1054	0.320	803±6.5
		Tm:YAG	2021	12	780~785
		Tm,Ho:YAG	2090	8	780~785
		Tm,Ho:YLF	2067	12	792
		Tm:YLE	1500	1.0	780
		Er:YLF	2800	4.2	797
AlGaInP	615~690	Cr:LiSAF	750~1000	0.067	650±100
		Cr:LiCAF	700~900	0.170	630±100
		Cr:LiSGAF	700~1100	0.088	650±100
		Cr:LiSCAF	750~950	0.080	670

图 4.5 通过能级图表明了 DPSSL 的工作原理及其特征。通常,固体激光器普遍采用泵浦光源作为激励源,如图 4.5 所示,其发射光的强度分布并不与固体激光工作介质的吸收谱线一致,泵浦光能大多转化为热损耗。因此,固体激光器往往由于固体激光材料中产生的热效应(热透镜、热应力双折射、热变形)导致输出激光光束质量变差,效率降低。

当 AlGaAs LD 的发射波长为 803 nm 时,其光强可与波长为 1054 nmNd:玻璃激光器的吸收谱线一致,此时,泵浦光转化的热损耗非常小,热效应减少,因此可高效地重复工作。以图 4.5 所示的情况为例,量子效率为 76%,即 76% 的吸收光能转化为 1054 nm 的激光,剩余的 24% 转变为热损耗。

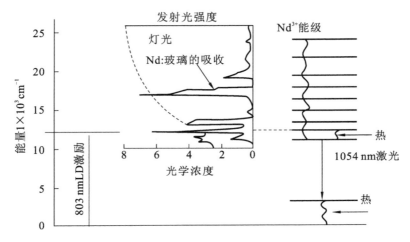

图 4.5　DPSSL 的工作原理及其特征

固体激光工作介质的热效应不可避免,它的补偿也就必不可少。泵浦激励固体激光器的总效率是 1%～3%,而 DPSSL 的光电转换效率可达 10% 以上。特别是后面将要介绍的 LD 激励光纤激光器,转换效率达 60%～70%,接近量子效率。

正因为 LD 激励(与激光工作介质相匹配)可获得强的激光输出,各式各样的固体激光器开始被广泛应用。表 4.2 所示的红色 AlGaInP LD 激励 Cr：LiSAF(750～1000 nm)激光器,不但波长可以调谐,而且可产生 10^{-15} s 级的高功率脉冲激光。Cr：LiSAF 激光器与 Ti：蓝宝石(Al_2O_3)激光器(660～1180 nm)一样,电子跃迁的过程中伴随振动跃迁,是一种基于振动-电子跃迁的波长可调谐固体激光器。如图 4.6 所示,激光下能级的振动能级宽度在晶体中扩展相互重叠形成带状,因此可在很宽的谱线范围内实现波长调谐。

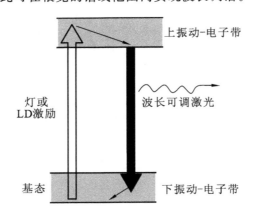

图 4.6　基于振动-电子跃迁的波长可调谐固体激光器的能级图

除此以外,波长可调谐的激光器还有 Cr：BeAl$_2$O$_4$(700～830 nm)、Co：MgF$_2$(1750～

2500 nm)、Tm：YAG(1870～2160 nm)等。特别是利用波长 500±100 nm 的光激励 Ti：蓝宝石激光器，其增益宽度可达 660～1180 nm，脉宽为不到 $4.5f_s$ 的超短脉冲，峰值功率超过 100 TW。目前，这种高功率激光器已被实用化。以前，使用氩离子激光器或波长为 1064 nmNd：YAG 激光器的二次谐波光（532 nm）作为 Ti：蓝宝石激光器的光激励。现在，由于高功率 500 nm LD 的实现，可以利用 LD 作为 Ti：蓝宝石激光器的激励源。

在硅酸盐或磷酸盐玻璃中掺杂铒(Er)的激光器是三能级激光器，以中心波长 1550 nm 发射。

图 4.7 所示为掺 Er 的光纤激光放大器的基本原理。用与 Er 的 980 nm 或 1480 nm 吸收谱线一致的 LD 激励，入射到掺 Er 的石英玻璃纤维中的微弱 1550 nm 信号光经光纤放大后输出。波长为 1550 nm 的光对使用低吸收石英玻璃纤维的长距离通信极为重要。若在掺 Er 光纤的两端各安放一面反射镜，就构成 1550 nm 掺 Er 光纤激光器的谐振腔。

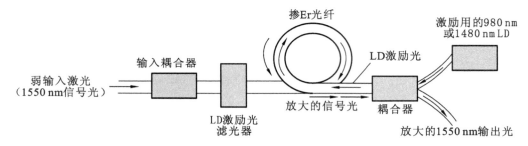

图 4.7 掺 Er 光纤激光放大器

4.2.4 高功率固体激光器

图 4.8 所示是大功率固体激光发生器的放大器系统图。从棒形固体激光谐振腔输出的光通过一连串的外部激光放大器后，功率被放大。在棒形激光放大器之后，采用的是锯齿光路的板状激光放大器。正如图中放大器所示，光束在板状的激光介质中呈锯齿形传输。这

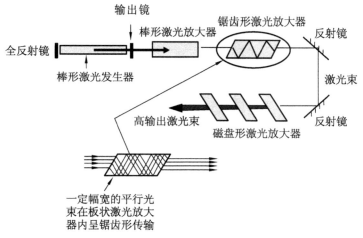

图 4.8 大功率固体激光发生器的放大器系统

种结构保证了光的传播方向与温度梯度,即折射率梯度方向(板厚方向)平行,从而降低了光束传播中的热效应。另外,锯齿形光路的区域折射率的温度变化相同,从而补偿了热透镜效应。例如,核聚变用激光器需要极高的峰值功率,在上述设置的最后,以布儒斯特角并排放置大口径的激光磁盘,构成磁盘形激光放大器,可以进一步提高输出功率。

图 4.9 描述了前述锯齿形板状激光器的几何特征,它是以高功率、高品质激光束 DPSSL 为例进行说明的。

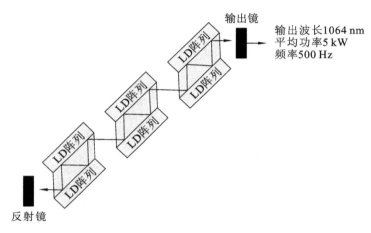

图 4.9 平均功率 5 kW 的 LD 激励波长为 1064 nmNd:YAG 锯齿形板状激光器

4.3 气体激光器

4.3.1 放电激励形成反转分布

与其他介质相比,气体激光器的输出谱线极为丰富,分布在从 100 nm 的真空紫外线波段到 10 μm 的长波长远红外波段的广阔范围内,其激励方式除了放电激励、电子束激励外,还有化学反应激励、热激励等。气体激光器的激励方式多采用放电激励。下面围绕放电激励加以叙述。

激光器按照放电激励至上能级的粒子类型可分为激励原子跃迁(中性原子激光器),激励离子跃迁(离子激光器),激励分子跃迁(分子激光器)和激励的原子、离子重新缔结为激发分子、激励分子跃迁(准分子激光器)。

形成上能级粒子数的第一步是等离子体中的电子和气体粒子碰撞,引起激励和电离。激励原子或离子在与气体粒子碰撞的过程中,传递了能量,大量激活粒子跃迁至上能级,形成粒子数反转分布。激励、电离的概率及激发态粒子的寿命对反转分布的形成影响很大。

图 4.10 表明了上述生成过程。

图 4.10(a)所示是由于电子碰撞形成激发粒子 X^*。若设电子为 e,该反应过程式子如下:

$$X + e \rightarrow X^* \tag{4-3}$$

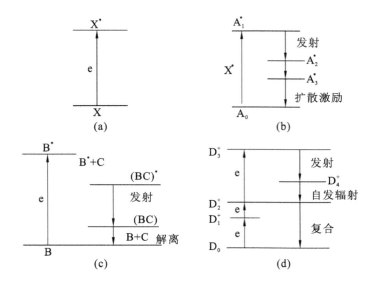

图 4.10 上能级粒子数的形成

图 4.10(b)所示是等离子体中的原子 A_0 与图 4.10(a)所示生成的 X^* 碰撞后获得能量，形成激发态 A_1^*。通过向 A_1^* 下一能级的迁移产生激光输出。这是激发原子引起的辐射，称为中性原子激光器，其代表性的激光器是 He-Ne 激光器。若 A_0 是分子，上述即为分子激光器，其代表性的激光器是二氧化碳激光器。X^* 处于亚稳态时的寿命较长，并且 X^* 和 A_1^* 能量相近，此时它们之间进行高效率的能量迁移，称为共振能量转移。

图 4.10(c)所示是激发原子 B^* 与等离子体中的粒子 C 结合重新缔合为激发分子 $(BC)^*$。它只是在激发态以稳定的分子形式存在，一旦跃迁至下能级，结合变得不稳定，立即解离还原为原子 B 和 C。处于上能级的激发分子称为准分子，这种类型的激光器称作准分子激光器。

图 4.10(d)所示是处于基态的原子经过反复多级的电子碰撞被离子化（$D_0 \rightarrow D_1^* \rightarrow D_2^+$），形成上能级粒子 D_3^+。这相当于离子激光器的情况。

4.3.2 He-Ne 激光器

图 4.11 所示为 He-Ne 激光器的能级跃迁图。主要的谱线有 $3.39~\mu m$ 和 $1.15~\mu m$ 的红外光，以及 $632.8~nm$ 的可见红光。He 原子与电子碰撞，被激发到两个亚稳态能级 $2^1 S$ 和 $2^3 S$ 上，它们与 Ne 原子的上能级 3S 和 2S 的能量非常接近，很容易因共振激励发生能量转移。Ne 原子上能级中的粒子辐射跃迁至下能级 3p 和 2p 的过程中，产生三种谱线。$632.8~nm$ 谱线和 $3.39~\mu m$ 谱线有共同的上能级，为此，在 $632.8~nm$ 的 He-Ne 激光器中，必须采取选择反射镜等措施抑制红外谱线，同时要避免效率降低。迁移至下能级 2p 上的 Ne 原子很容易通过自发辐射跃迁至 1S 能级上，再通过扩散回到基态。

能级 1S 也处于亚稳态，本来增加放电电流的目的是为了提高激光输出功率，但是从 1S 到 2p 的跃迁也随之增加，反而阻碍了激光发射。因此，为了使 1S 能级上的粒子尽快地返回到基态，采取细放电管结构等措施促进能量向管壁的扩散。

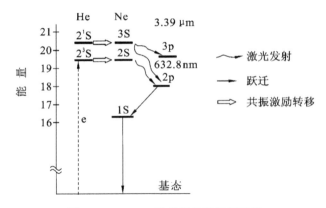

图 4.11 He-Ne 激光器的能级跃迁图

He-Ne 激光的反射过程可用式(4-4)~式(4-7)表示：

$$e(快)+He(基态)\rightarrow e(慢)+He^*(a^1S,2^3S) \qquad (4-4)$$

$$He^*(2^1S,2^3S)+Ne(基态)\rightarrow He+Ne^*(3S,2S) \qquad (4-5)$$

$$Ne^*(3S,2S)\rightarrow Ne(3p,2p)+h\nu \qquad (4-6)$$

$$Ne^*(3p,2p)\rightarrow Ne(1S),Ne(基态) \qquad (4-7)$$

式中：ν 是发射频率；h 是普朗克常量。可以看到，式(4-4)并没有直接产生 Ne 的激发粒子，这是因为 He 原子与电子碰撞引起的激励概率比 Ne 原子的高。利用 He 的激励粒子可有效地转移激发 Ne 原子至上能级。

放电毛细管内充以 He/Ne=1 Torr/0.1 Torr 比例混合的气体，在直流弧光放电情况下，激光的输出功率为 1~50 mW。按照谐振腔的结构形式，He-Ne 激光器有内腔式和外腔式两种。低功率型采用内腔式，它是将两块反射镜直接贴在放电管的两端，这种结构的特点是不用调腔，使用方便。外腔式的特点是谐振腔与放电管分开。放电管的两端用布儒斯特窗密封，使放电管的窗损失降至最低。

4.3.3 二氧化碳激光器

二氧化碳(CO_2)激光器的最大输出功率可达 10 kW 以上，目前，已将功率 100 kW 的激光设备用于钢铁制造生产线。CO_2激光器的电光转换效率很高，超过 10%，因此，被广泛用于材料加工、医疗等领域。

CO_2分子是由三个原子组成的，不同的激发态取决于结合原子的振动形式。碳原子(C)居正中，两端各一个氧原子(O)，三个原子处于一条直线上。它的振动方式有对称伸缩振动、弯曲振动、非对称伸缩振动三种，如图 4.12 所示，每种量子数不同，分别表示为(100)、(010)、(001)。激发能级是离散性、量子化的。由(001)跃迁至(100)或(020)的过程中，可分别得到波长为 10.6 μm 和 9.6 μm 的激光，其能级图如图 4.13 所示。

CO_2分子的振动激发是由于电子碰撞得以激发的 N_2 分子的能量转移实现的。N_2 分子的振动能级 $V=1(2330.7\ cm^{-1})$ 属于亚稳态，其能级与 CO_2 分子的(001)模式非常接近，因此，一部分 CO_2 分子很容易通过共振激励获得能量而激发，另一部分 CO_2 分子直接与电子碰撞而

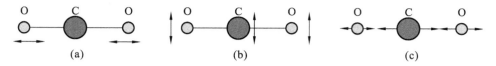

图 4.12　CO₂分子的振动模型

(a) 对称伸缩运动;(b) 弯曲运动;(c) 非对称伸缩运动

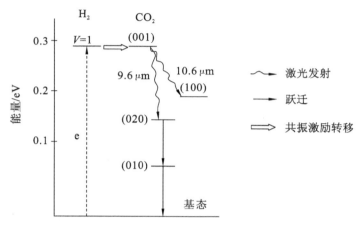

图 4.13　CO₂分子的能级跃迁图

激发。通过上述两种过程,实现了上能级粒子数的积累,产生激光发射。另外,上能级的寿命约为 1 ms,下能级的寿命只有其 1/100,因而很容易引起反转分布。

通常,低输出功率的 CO_2 激光器采用纵型放电管结构(放电电流的方向与激光输出方向相同),高输出功率的 CO_2 激光器采用三轴相互垂直的横型放电管结构,即不仅激光输出与电流方向垂直,而且气体循环方向也与电流和激光输出方向垂直。CO_2 激光器的工作介质为氦/氮/二氧化碳的混合气体,低输出功率时,总压力是 1~20 Torr,二氧化碳与氮的混合比为 1:(1~2),氦的分压是二氧化碳的 4~5 倍。高输出功率型的工作气体压力接近于大气压,并采用预电离技术确保脉冲式均匀放电,也有利用高频放电产生等离子体注入能量的形式。

4.3.4　准分子激光器

准分子激光器主要分为稀有气体准分子激光器和稀有气体卤化物准分子激光器两种类型。由氩(Ar₂)、氪(Kr₂)、氙(Xe₂)三种激励分子振荡发射的稀有气体激光器,其激光发射波长分别为 126 nm、147 nm 和 172 nm,处于短波长的真空紫外光区。这里,最令人感兴趣的是,稀有原子在激发态结合为分子,分子受激辐射产生激光。

早期的准分子激光器采用电子束泵浦激励。稀有气体卤化物准分子激光器的激发介质是稀有气体和卤化物的混合气体。商业上常用 ArF、KrF、XeCl 等三种准分子激光器。它们的激光谱线波长分别是 193 nm、248 nm 和 308 nm。稀有气体卤化物准分子激光器是继卤素激光器(激光波长为 157 nm)之后又一种放电激励型短波长激光器。

准分子自发辐射的概率(爱因斯坦 A 系数)与波长的三次方成反比。因此,必须在短时

间内给予等离子体大量能量,确保短波长激光的输出。每单位等离子体体积注入的电能称
为激励强度。决定振荡发射的主要参数是小信号增益 $5\%cm^{-1}$,激励强度约为 $1\ MW/cm^3$。
因此,准分子激光只能通过脉冲激励实现。激光迁移下能级的分子很不稳定且会迅速离解,
但由于准分子生成非常容易,因此量子效率可达 3%,可以说准分子激光器是一种高效的短
波激光器。

激励及发射过程如图 4.10(c)所示。下面以 KrF 激光器为例进行说明,它是 $Kr^*\sim$
$KrF^*\sim KrF\sim Kr+F$ 的四能级系统。设振荡频率为 ν,普朗克常量为 h,发射过程可用式
(4-8)~式(4-11)表示。

$$Kr+e(快)\rightarrow Kr^*+e(慢) \tag{4-8}$$

$$Kr^*+F\rightarrow KrF^* \tag{4-9}$$

$$Kr^*+KrF+h\nu \tag{4-10}$$

$$KrF\rightarrow Kr+F \tag{4-11}$$

式(4-9)表明 Kr 的阳离子和 F 的阴离子可结合成准分子,反应过程如式(4-12)~式
(4-14)所示。这是因为卤素气体对电子的亲和性很强。

$$F_2+e\rightarrow F^-+F \tag{4-12}$$

$$Kr+e\rightarrow Kr^++2e \tag{4-13}$$

$$Kr^++F^-\rightarrow KrF^* \tag{4-14}$$

该激光装置的关键是放电过程中瞬时注入大量的电能,故采用电荷转移型电路。它不
是将贮存在电容器中的能量直接注入放电介质中,而是将能量转移至设置在介质中的另一
个电容器(脉冲电容器)中,以此引起并维持介质放电。因为脉冲电容器是以 100 ns 的时间
间隔充电,所以,放电回路对脉冲可视为开路,电感系数变小,于是将高电流和能量注入介质
中。当电容器的充电电压为 $10\sim30\ kV$,电流为 $10\sim50\ kA$ 时,输出激光的脉宽为 $10\sim$
30 ns,激光峰值功率可达 10 MW。若改进放电泵浦电路的开关及激励回路,可以获得数千
赫兹的重复激发。

4.3.5 氩离子激光器

离子激光器分为惰性气体激光器和金属蒸气激光器。惰性气体激光器中的氩离子激光
器、氪离子激光器,以及金属蒸气激光器中的氦-镉离子激光器均为连续激光发射。氩离子
(Ar^+)激光器具有 $400\sim550\ nm$ 范围宽的谱线,尤以 488.0 nm 蓝光和 514.5 nm 绿光两条谱
线最强。输出功率可达 20 W。与氩离子激光器相比,氪离子激光器的谱线在 $600\sim800\ nm$ 的
长波段侧,以 647.1 nm 最具代表性。金属蒸气激光器一般都掺入氦。氦-镉离子激光器具有
从紫外到红外的多条谱线,常见的是 441.6 nm 和 636.0 nm 两条谱线。

通常,离子激光器也是通过电子碰撞产生粒子数反转,这一点与气体激光器相似,离子
化需要更高的能量。为此,必须经过反复碰撞才能产生粒子数反转。氩离子激光器的能级
图如图 4.14 所示。氩原子与电子碰撞,经历了 $Ar\sim Ar^*\sim Ar^+$(基态),最后激发氩离子
Ar^+ 至上能级(4p),这一过程可用式(4-15)~式(4-17)表示。

$$Ar+e(快)\rightarrow Ar^*(3s^44p)+e(慢) \tag{4-15}$$

$$Ar^*(3s^44p)+e(快)\rightarrow Ar+(基态\ 3p^5,15.8eV)+e(慢) \tag{4-16}$$

$$Ar^+(基态,15.8eV)+e(快)\rightarrow Ar^+(3p^44p)+e(慢) \tag{4-17}$$

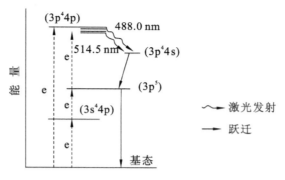

图 4.14　氩离子的能级跃迁图

Ar^+ 通过 $Ar^+(3p^44p)$ 向 $Ar^+(3p^44s)$ 的跃迁产生激光发射。$Ar^+(3p^44s)$ 的弛豫首先通过自发辐射返回至激发态 $3p^5$，再经过与电子的复合回到氩原子状态。若使 Ar 原子从基态经"一步激发"过程直接激发至上能级 $Ar^+(3p^44p)$，需要很高的电子能量，这只有靠脉冲放电激励才能实现。但是，"二步激发"的电离过程却不需要"一步激发"那样大的电子能量，因此，可以连续放电激励。

氩离子激光器需要高能放电激励，通常在 1 Torr 的低气压中通入 50 A 左右的电流，因此属于低气压弧光放电。相应放电管和电极选用耐热材料制作，并通以水冷。

金属蒸气离子激光器的激发机理是，经过最初的电子碰撞形成氦或氖离子，再通过彭宁电离和电荷交换反应，进一步促进金属蒸气的离子化。金属蒸气事先经加热器在放电管内蒸发。

4.4　液体激光器

液体激光器包括无机液体激光器、有机液体激光器和染料激光器。前两种是以固体激光器中激活钕离子等稀土离子作为激活介质开发的。所以它作为大型激光器的要素，直到 1970 年年初才引起关注，但是，由于受固体玻璃激光器、YAG 激光器飞速发展的影响，此后的研究一直停滞不前。染料激光器是利用食品、纤维的着色染料作为激活介质的激光器，因此，现在所说的液体激光器泛指染料激光器。

染料激光器的最大特点是，可以在很宽的谱线范围内选择激光发射波长。因此，在绿宝石激光器和钛蓝宝石激光器出现之前，它作为唯一的波长可调谐、超短脉冲激光器而应用于物质的光谱学研究。实际上它还用于激光雷达观测大气污染、原子法激光浓缩铀等。

4.4.1　染料激光器的激发机理

染料是碳、氢高分子化合物，在光的吸收和辐射过程中，发射的电子（π 电子）处于分子的共轭双键中。共轭双键中有一对电子，参照量子力学的原理，每个电子态都有一组振动-转动能级，其能级图如图 4.15 所示。

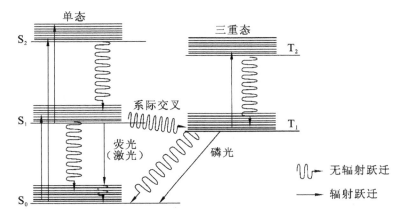

图 4.15　染料分子的能级图

最低能级状态称为基态。该能级上的两个 π 电子反向平行自旋。把两个电子反向平行自旋的状态称作单态。基态 S_0 是单态。激发态有 S_1、S_2，单态和平行自旋的 T_1、T_2、三重态。吸收发生在基态 S_0 和 S_1、S_2、单态等状态之间。在 $S_1 \rightarrow S_0$ 发生辐射跃迁，辐射发出的光称作荧光。T_1 是禁止向 S_0 跃迁的亚稳态。这一禁止跃迁（$T_1 \rightarrow S_0$）辐射的长寿命光称作磷光。

单独存在原子时，只有电子的能级，所以辐射、吸收的谱线呈尖峰状；而在分子情况时，附加有振动-转动能级，形成如图 4.15 所示的密排间隔式的宽带能级结构。这种振动-转动能级之间的间隔很小，因而观察不到离散性的谱线。

$S_0 \rightarrow S_1$、$S_0 \rightarrow S_2$ 的吸收非常强烈，谱线在可见光或紫外光区，表现为染料颜色。光吸收跃迁至激发态 S_1 的较高振动-转动能级上的电子，在 $1 \sim 10$ ps 的瞬间，将热能量传递给周围溶剂后，同时无辐射弛豫到 S_1 态的最低振动能级上。弛豫到 S_1 态的最低振动能级上的电子，通过辐射或无辐射跃迁迁移至 S_0 的振动-转动能级上，与此同时，一部分无辐射跃迁至 T_1 能级。$S_1 \rightarrow S_0$ 的辐射跃迁比无辐射跃迁的概率大得多。无辐射跃迁至 T_1 的过程称为系际交叉。

激发至 S_2 上的电子几乎都无辐射弛豫至 S_1 上。$S_1 \rightarrow S_0$ 发射的荧光谱线较其 $S_0 \rightarrow S_1$ 的吸收谱线波长要长，如图 4.16 所示，向长波长方向移动，多呈镜像关系。

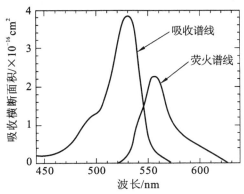

图 4.16　典型染料（若凡明 6G）的 $S_1 \rightarrow S_0$ 吸收和荧光谱线图

S_1 态的最低振动能级是激光上能级,集中了许多因热平衡而分布于其上的粒子,激光振荡就是在该能级和粒子数几乎为零的 S_0 的较高振动-转动能级间进行的。因此,染料激光器属于四能级系统的激光器,发射的激光谱线非常宽。虽然上能级 S_1 的寿命很短,只有几纳秒,但由于该激光器是四能级系统,并且吸收横截面、受激辐射横截面都比固体 Nd:YAG 激光器大 10000 倍左右,所以,即便用与固体激光器同样的闪光灯泵浦也能产生激光发射。

激光振荡是在吸收与荧光谱线不重叠的长波段一侧发生的,但是激光发射效率却因下述两个原因受到限制:一是三重态"陷阱"效应,因为三重态 $T_1 \rightarrow T_2$ 吸收与激光发射波长有某些重叠,一旦激励进行,就会因系际交叉使 T_1 态的粒子数增多,从而抑制了激光发射;二是 $S_1 \rightarrow S_2$ 的吸收,如果发射光增强,激励到 S_1 的粒子就会吸收光而激发至 S_2,从而降低了激光发射效率。

4.4.2 染料激光器的主要类型

可以产生激光发射的染料已确认有 500 种以上,发射波长从 300 nm 的紫外光到 1200 nm 的红外光区。将单一染料溶入乙醇溶剂中使用,可发射的激光波长是 50～100 nm。典型的染料是称作若丹明 6 G 的橙色染料,这种染料多用于着色技术。该染料的激光发射波长是 560～650 nm。

染料激光器按泵浦光源大致可分为两种:一种是激光泵浦染料激光器;另一种是闪光灯泵浦染料激光器。激光泵浦染料激光器又有脉冲激光泵浦和 CW 激光泵浦。通常市面销售的染料激光器就是这两种。需要高的尖峰输出功率时,使用 Nd:YAG 激光的第二、三次谐波的脉冲激励。需要稳定的高功率及频率时,使用 CW 氩离子激光激励。

无论是哪种激光器,泵浦的方式主要有两种:一种是泵浦的激光束与激光器的谐振腔轴线几乎平行的纵向泵浦;另一种是泵浦的激光束与光轴主向垂直的横向泵浦。两种方式下泵浦区的直径最大不过 1 mm。染料盒的谐振腔轴线方向的长度不超过 1 cm,因此该结构可使染料高速循环工作。

为了限制发射的谱线线宽,实现波长可调谐,通常在谐振腔中放入棱镜、衍射光栅等波长选择元件。特别是用于激光同位素分离、精密分光仪的窄带谱线,除了添加衍射光栅外,还在谐振腔中插入标准具。图 4.17 所示是采用衍射光栅的谐振腔的典型结构。通过改变衍射光栅一侧的反射镜角度来调整发射波长。不加标准具而希望压窄谱线线宽时,可采用扩束器将入射光扩束后再经过衍射光栅的方法。

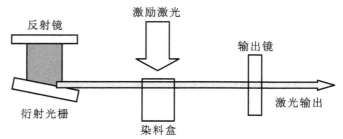

图 4.17 采用衍射光栅的谐振腔的典型结构

因为闪光灯泵浦激光器不能获得高激励强度,所以通常采用图 4.18 所示的长几十厘米、直径几毫米的可循环利用的棒状染料盒。一旦闪光灯的放电激励延迟,法布里-珀罗吸收的影响就会变大,所以采取同轴式的闪光灯泵浦使其发光时间达到 1 μs。由于闪光灯泵浦多含有紫外光,染料的劣化严重。目前,除非特殊场合,基本上已不采用闪光灯泵浦。

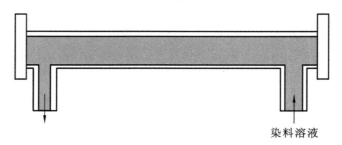

染料溶液

图 4.18 闪光泵浦激光器的棒状染料盒

4.5 半导体激光器

半导体激光器(LD)具有超小型(长 0.3 mm、宽 0.3 mm、高 0.1 mm)、激光强度快速可调的特点。因此,LD 作为盒式磁盘记录/读取、激光排版、光通信等的光源得到广泛应用,可以说,没有 LD 的存在就不可能有这些应用,可见 LD 的重要性。

4.5.1 LD 的基本结构

LD 的基本结构如图 4.19 所示,它是由三层不同的半导体叠加而成的(双层质结构)。中间的半导体层是发光层,称为激活层。激活层的厚度 d 约为 0.1 μm。上下层是由禁带宽度(带隙能)较宽的 P 型及 N 型半导体构成。

激光器的光输出面和对侧的平面形成相互平行的反射面。通常,该反射面是利用半导体晶体的特点,按其解理面剖开制成的。这种平行反射面结构称作法布里-珀罗谐振腔,在LD 中常用的该谐振腔腔长 L 约为 0.3 mm。

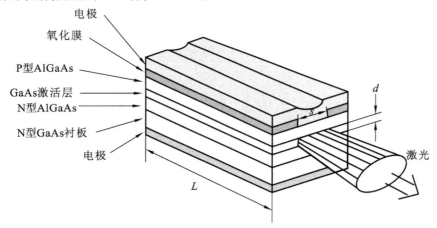

电极
氧化膜
P型AlGaAs
GaAs激活层
N型AlGaAs
N型GaAs衬板
电极

d

s

L

激光

图 4.19 LD 的基本结构(双层质结构激光器)

上下的 P 型及 N 型半导体层构成电极,电流流经电极,大量的载流子(电子、空穴)注入激活层。为了减少激光发射所需的电流,通常将电流限制在约 2 μm 宽的带状区内流动,因此,为了使电流只在上部电极的 S 区域流过电流,如图 4.19 所示,将氧化膜切掉宽度为 s 的一部分。

4.5.2 LD 的基本特性

如果使流经 LD 电极的电流增加,如图 4.20(a)所示,则从某一电流值开始,光输出将急剧增大,此时的电流值称为阈值电流(threshold current)I_{th}。当注入电流超过该阈值电流时,就会形成激光振荡。图 4.20(a)中曲线的斜率表示了注入的电能转化为激光能量的转化效率,极高的电光转换效率正是 LD 的最大特点。例如,气体激光器的光电转换效率是百分之几,而 LD 的光电转换效率可达百分之几十。根据电流的注入方式是脉冲式还是连续式,LD 可以实现脉冲发射和连续发射两种输出方式,使用时应根据实际用途来进行选择。

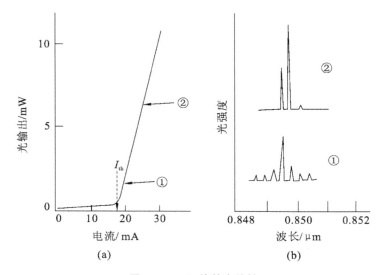

图 4.20　LD 的基本特性

(a) 光输出强度与注入电流的关系;(b) 激光的谱线

I_{th} 随着环境温度的上升而增大。这是因为随着温度升高,注入的电子、空穴不能有效地转换为光能。I_{th} 与温度存在以下的关系:

$$I_{th} = I_0 \exp\left(\frac{T}{T_0}\right) \tag{4-18}$$

式中:T_0 称为特征温度,该值越大,I_{th} 受温度的影响就越小,即振荡越稳定。

LD 输出光的谱线如图 4.20(b)所示,通常是几条尖峰波。很明显,发射波长通常随注入电流的大小而变化。

与气体激光器、固体激光器不同,LD 输出的激光不是细的平行光束,而是随着远离激光器而逐渐发散。该发散角与激光器的结构有关。在图 4.19 所示的多层面上,发散角在平行方向为 20°左右,在垂直方向为 40°左右。就是因为 LD 的尺寸非常小,在激光输出端产生折射的缘故。通常,在输出端附近放置棱镜,使之转换成平行光后再使用。

4.5.3　LD 激光的产生机理

气体激光器、固体激光器是利用分子或原子自身具有的分离能级间的电子跃迁而形成激光发射。相反,LD 却是依靠半导体晶体构筑的两个能带,即导带和价带间的电子跃迁形成激光发射。

给 LD 中的 PN 结通以正向电流,电子注入直接跃迁型半导体层(即图 4.19 中部的GaAs 层)的激活层,大量的空穴注入价带,从而形成粒子数反转分布。处于高能级导带上的电子跃迁至低能级价带上,与价带上的空穴产生复合,并以相当于两个能态差值的能量辐射出光子。复合辐射的光在平行的反射镜面(谐振腔)之间往复振荡。处于导带中的电子受到该往复振荡光的激光跃迁至价带,产生受激辐射。当受激辐射的比例超过半导体内部受激吸收的比例时,便产生激光输出。

为了有效地形成激光振荡,必须具备两个条件:一是实现粒子数反转分布;二是使辐射光在谐振腔内往复振荡。因此,半导体激光器往往制成如图 4.19 所示的多层结构。激活层的禁带宽度比上下包覆层(见图中 AlGaAs 层)的禁带宽度小。将图 4.19 横向放倒,所看到的导带能、价带能的空间分布如图 4.21(b)所示,这种结构中的电子、空穴很容易聚集到激活层,因此,可有效地实现粒子数反转分布。

此外,该结构中激活层的折射率比包覆层的折射率大(见图 4.21(c))。光往往沿折射率高的地方传播,所以辐射光也集中在激活层中心传播(见图 4.21(d))。这一过程可以理解为,辐射光子一方面受折射率不同的激活层和包覆层界面全反射,另一方面在谐振腔中做往复振荡。因此,在图 4.19 所示的激光器结构中,辐射光可以有效地沿谐振腔往复振荡。

通常,气体激光器、固体激光器的激光谱线是特定值,它是由气体、原子的离散性能级间的能量差决定的。相反,LD却不是离散性能级,而是具有一定宽度的导带和价带,因此它的发射谱线由几个因素决定。图 4.19 所示的激光器基本结构,其发射谱线未必是单一的,可能同时发射几条谱线。

法布里—珀罗谐振腔的共振条件是腔长 L 为半波长的整数倍,利用折射率 n 及整数 m,激光器的发射波长 λ 可表示为

$$m\lambda = 2nL \qquad (4\text{-}19)$$

满足式(4-19)的 m 值很多,因此可同时发射多条谱线。但是,注入激活层的电子、空穴分布在导带、价带附近很窄的能带区内,辐射光呈现的峰值分布与激活层的禁带宽度大致相等。因此,满足式(4-19)的谱线中,实际上只有分布在该能带区的谱线才可能产生振荡输出,一般是以几条谱线的形式输出。

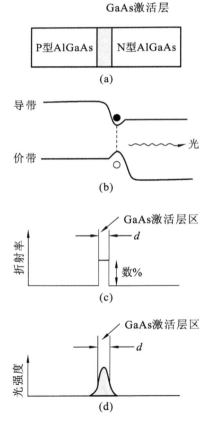

GaAs激活层

(a)

导带

价带

光

(b)

折射率

GaAs激活层区

d

数%

(c)

光强度

GaAs激活层区

d

(d)

图 4.21　双重异质结激光器
(a)层结构;(b)导带及价带的能量;
(c)折射率;(d)传播光的强度及空间分布

若要发射单一谱线的激光,可以采用与禁带宽度相适合的半导体。不过,半导体的禁带宽度随温度的变化而变化,因此发射谱线也随温度的变化而变化。

4.5.4　高性能 LD 的主要类型

近几年,随着使用目的的不同,各种各样的新型 LD 不断涌现。这里,仅介绍其中的几种。

作为单一谱线输出 LD,有一种称为分布反馈式(distributed feedback,DFB)的激光器。它的结构特点是,在激活层和包覆层间,折射率呈周期性变化。具体制作方法是,在界面周期性地开沟槽,如图 4.22 所示。由于折射率的周期性变化从而产生干涉,因此只发射出特定波长的光。它在光通信领域发挥着重要的作用。

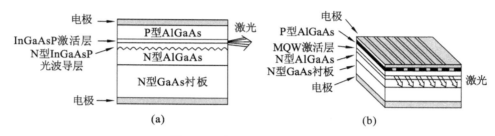

图 4.22　多重量子陷阱激光器
(a) 分布反馈型激光器的结构;(b) 激光器排列的断面结构

还有一种多重量子陷阱结构(multi-quantum well,MQW),它是将与半导体中电子波长(多普勒波长)同等厚度(约 10 nm)的异型半导体层(如 GaAs 层、AlGaAs 层)相互叠加。以这种多重量子陷阱结构替换图 4.19 中的激活层的激光器,称为多重量子陷阱激光器。多重量子陷阱结构中的能带(光带)分离成多个带隙,可以使注入的电子、空穴更有效地受激辐射,因此在低阈值电流下即可获得激光输出,甚至可以在不超过 1 mA 的电流下输出激光。

如果将它们并排成激光器阵列(见图 4.22(b)),激光的输出功率可超过 10 W。这是一种重要的高输出功率 LD。

4.6　思考与练习题

1. 典型固体激光器由哪几部分组成?试简要说明各部分的作用。
2. 比较 YAG、红宝石和钕玻璃这三种工作物质的特性,说明为什么 YAG 可以连续工作,而在室温下红宝石和钕玻璃只能工作于脉冲状态?
3. 与气体激光器相比,固体激光器的输出能量和功率为什么很大,而气体激光器的光束质量为什么很好?
4. 在 He-Ne 激光器中,He 气和 Ne 气的作用分别是什么?
5. 什么是谱线竞争效应?He-Ne 激光器和 CO_2 激光器中的主要竞争谱线有哪些?怎样保证激光器单谱线工作?
6. 半导体激光器的结构与普通 PN 结二极管有什么异同?它的激光产生过程较其他激光器有什么特点?
7. 与其他激光器相比较,染料激光器的工作过程有什么特点?

第 **5** 章

激光基本技术

5.1 电光调制

电光调制的物理基础是电光效应,即某些晶体在外加电场的作用下,其折射率将发生变化,当光波通过此介质时,其传输特性就会发生改变,这种现象称为电光效应。电光效应已被广泛来实现对光波(相位、频率、偏振态和强度等)的控制,并制成各种光调制器件、光偏转器件和电光滤波器件等。

5.1.1 电光效应

光波在介质中的传播规律受介质折射率分布情况的制约,而折射率的分布又与其介电常数密切相关。相关理论和实验均证明:介质的介电常数与晶体中的电荷分布有关,当晶体上施加场之后,将引起束缚(bond)电荷的重新分布,并可能导致离子晶格的微小形变,其最终结果将引起介电常数的变化,而且这种改变随电场的大小和方向的不同而变化(只有在弱电场情况下,才可把它近似视为与场强无关的物理常数)。折射率变化与外加电场呈线性关系的称为线性电光效应或普克尔效应;与电场的平方成比例关系的则称为二次电效应或克尔效应。在一般情况下,二次效应要比一次效应弱得多,故在此只讨论线性电光效应。

1. 电致折射率变化

对电光效应的分析和描述有两种方法:一种是电磁理论方法,其数学推导相当繁复;另一种是用几何图形——折射率椭球体的方法,这种方法直观、方便,故通常都采用这种方法。

在折射率主轴坐标系中,由如下方程描述:

$$\frac{x^2}{n_x^2}+\frac{y^2}{n_y^2}+\frac{z^2}{n_z^2}=1 \tag{5-1}$$

式中:x、y、z 为介质的主轴方向,也就是说在晶体内沿着这些方向的 D 和 E 是互相平行的;

n_x、n_y、n_z 为折射率椭球体的主折射率。利用该方程可以描述光场在晶体中的传播特性。由此可知,晶体加外电场之后对光场传播规律的影响,也可以借助于折射率椭球方程参量的改变来进行分析。下面以常用的 KDP 晶体为例进行分析。

KDP(KH_2PO_4)类晶体属于四方晶系,42 m 点群,是负单轴晶体,因此有 $n_x = n_y = n_o$,$n_z = n_e$,$n_o > n_e$,这一类晶体独立的电光系数表示正感应极化细弱的量,只有 γ_{41} 和 γ_{63} 两个。经理论分析可得加外电场 E 的折射率椭球方程:

$$\frac{x^2}{n_o^2} + \frac{y^2}{n_o^2} + \frac{z^2}{n_e^2} + 2\gamma_{41}yzE_x + 2\gamma_{41}xzE_y + 2\gamma_{63}xyE_z = 1 \tag{5-2}$$

由上式可看出,外加电场导致了折射率椭球方程中"交叉"项的出现,这说明加电场后,椭球的主轴不再与 x、y、z 轴平行,因此,必须找出一个新的坐标系,使式(5-2)在该坐标系中主轴化,这样才可能确定电场对光传播的影响。为了简单、明确起见,将外加电场的方向平行于 z 轴,即 $E_z = E$,$E_x = E_y = 0$,于是式(5-2)变为

$$\frac{x^2}{n_o^2} + \frac{y^2}{n_o^2} + \frac{z^2}{n_e^2} + 2\gamma_{63}xyE_z = 1 \tag{5-3}$$

为了寻求一个新的坐标系(x'、y'、z'),使椭球方程不含交叉项,即具有式(5-4)的形式

$$\frac{x^2}{n_{x'}^2} + \frac{y^2}{n_{y'}^2} + \frac{z^2}{n_{z'}^2} = 1 \tag{5-4}$$

x'、y'、z' 为加电场后椭球主轴的方向,通常称为感应主轴;n_x'、n_y'、n_z' 是新坐标系中的主折射率,也就是椭球主轴的半长度,这些值与外加电场有关。由于式(5-3)中的 x、y 是对称的,故可将 x、y 坐标绕 z 轴旋转 α 角,于是从 x、y 到 x'、y' 的变换关系为

$$x = x'\cos\alpha - y'\sin\alpha \tag{5-5}$$
$$y = x'\sin\alpha + y'\cos\alpha$$

将式(5-5)代入式(5-3),可得

$$\left[\frac{1}{n_o^2} + \gamma_{63}E_z\sin(2\alpha)\right]x'^2 + \left[\frac{1}{n_o^2} - \gamma_{63}E_z\sin(2\alpha)\right]y'^2 + \frac{1}{n_e^2}z'^2 + 2\gamma_{63}E_z\cos(2\alpha)x'y' = 1 \tag{5-6}$$

令交叉项为零,即 $\cos(2\alpha) = 0$ 得 $\alpha = 45°$,则方程式变为

$$\left(\frac{1}{n_o^2} + \gamma_{63}E_z\right)x_2' + \left(\frac{1}{n_o^2} - \gamma_{63}E_z\right)y' + \frac{1}{n_e^2}z'^2 = 1 \tag{5-7}$$

这就是 KDP 类晶体沿 z 轴加电场后的新椭球的方程,如图 5.1 所示。其椭球主轴的半长度由式(5-8)决定。

$$\left.\begin{array}{l}\dfrac{1}{n_{x'}^2} = \dfrac{1}{n_o^2} + \gamma_{63}E_z \\[2mm] \dfrac{1}{n_{y'}^2} = \dfrac{1}{n_o^2} - \gamma_{63}E_z \\[2mm] \dfrac{1}{n_{z'}^2} = \dfrac{1}{n_e^2}\end{array}\right\} \tag{5-8}$$

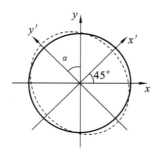

图 5.1　加电场后椭圆球的形变

由于 γ_{63} 很小(约 10^{-10} m/V),一般是 $\gamma_{63}E_z \ll \dfrac{1}{n_o^2}$,利用微分式 $\mathrm{d}\left(\dfrac{1}{n^2}\right) = -\dfrac{2}{n^3}\mathrm{d}n$,即 $\mathrm{d}n = -\dfrac{n^3}{2}\mathrm{d}\left(\dfrac{1}{n^2}\right)$,得到

$$\left.\begin{aligned} \Delta n_x &= -\frac{1}{2}n_o^3\gamma_{63}E_z \\ \Delta n_y &= \frac{1}{2}n_o^3\gamma_{63}E_z \\ \Delta n_z &= 0 \end{aligned}\right\} \tag{5-9}$$

$$\left.\begin{aligned} n_{x'} &= n_o - \frac{1}{2}n_o^3\gamma_{63}E_z \\ n_{y'} &= n_o + \frac{1}{2}n_o^3\gamma_{63}E_z \\ n_{z'} &= n_e \end{aligned}\right\} \tag{5-10}$$

由此可见,KDP 晶体 z 轴加电场时,由单轴晶体变成双轴晶体,折射率椭球的主轴绕 z 轴旋转了 45°,此旋转角度与外加电场的大小无关,其折射率的变化与电场成正比,式(5-9)中的 Δn 值称为电致折射率变化,这是利用电光效应实现光调制、调 Q、锁模等技术的物理基础。

2. 电光相位延迟

在实际应用中,电光晶体总是沿着相对光轴的某些特殊方向切割而成的,一般为圆柱形或长方体形,而且外加电场也是沿着某一主轴方向加到晶体上的,常用的有两种方式:一种是电场方向与通光方向一致,称为纵向电光效应;另一种是电场与通光方向相垂直,称为横向电光效应。仍以 KDP 晶体为例进行分析,沿晶体 z 轴加电场后,其折射率椭球的截面如图 5.2 所示。如果光波沿 z 轴方向传播,则其双折射特性取决于椭球与垂直于 z 轴的平面相交所形成的椭圆,在式(5-7)中令 $z'=0$,得到该椭圆的方程为

$$\left(\frac{1}{n_o^2} + \gamma_{63}E_z\right)x'^2 + \left(\frac{1}{n_o^2} - \gamma_{63}E_z\right)y'^2 = 1 \tag{5-11}$$

这个椭圆的一个象限如图 5.2 所示。它的长、短半轴分别与 x'、y' 重合,x' 和 y' 也就是两个分量的偏振方向,相应的折射率为 $n_{x'}$ 和 $n_{y'}$,由式(5-8)决定。

当一束线偏振光沿着 z 轴方向入射晶体,且 E 沿 x 方向进入晶体($z=0$)后分解为沿 x' 和 y' 方向的两个垂直偏振分量,由于两者的折射率不同,故相速也不同。当它们经过长度 l

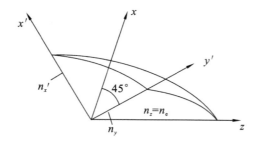

图 5.2　折射率椭球的截面

之后,所走的光程分别为 $n_{x'}l$ 和 $n_{y'}l$,这样,两偏振分量的相位延迟分别为

$$\varphi_{n_{x'}}=\frac{2\pi}{\lambda}n_{x'}l=\frac{2\pi l}{\lambda}\left(n_{\mathrm{o}}+\frac{1}{2}n_{\mathrm{o}}^{3}\gamma_{63}E_{z}\right)$$

$$\varphi_{n_{y'}}=\frac{2\pi}{\lambda}n_{y'}l=\frac{2\pi l}{\lambda}\left(n_{\mathrm{o}}-\frac{1}{2}n_{\mathrm{o}}^{3}\gamma_{63}E_{z}\right)$$

因此,当这两个光波穿过晶体后将产生一个相位差

$$\Delta\varphi=\varphi_{n_{x'}}-\varphi_{n_{y'}}=\frac{2\pi}{\lambda}ln_{\mathrm{o}}^{3}\gamma_{63}E_{z}=\frac{2\pi}{\lambda}n_{\mathrm{o}}^{3}\gamma_{63}U_{z} \tag{5-12}$$

由以上分析可知,这个相位延迟完全是由电光效应造成的双折射引起的,所以称为电光相位延迟。式中的 $U_{z}=E_{z}\cdot l$ 是沿 z 轴加的电压;当电光晶体和通光波长确定后,相位差的变化仅取决于外加电压,即只要改变电压,就能使相位差成比例地变化。

在式(5-12)中,当光波的两个垂直分量 $E_{x'}$ 和 $E_{y'}$ 的光程差为半个波长(相应的相位差为 π)时所需加的电压,称为半波电压,通常用 U_{π} 或 $U_{\lambda/2}$ 表示。由式(5-12)得到

$$U_{\lambda/2}=\frac{\lambda}{2n_{\mathrm{o}}^{3}\gamma_{63}}=\frac{\pi c}{\omega n_{\mathrm{o}}^{3}\gamma_{63}} \tag{5-13}$$

半波电压是表征电光晶体性能的一个重要参数,这个电压越小越好,特别是在宽频带、高频率的情况下,半波电压小,需要的调制功率就小。半波电压通常可用静态法(加直流电压)测出,再利用式(5-13)就可计算出电光系数 γ_{63} 值。

晶体的半波电压是波长的函数,图 5.3 所示为 KDP 类晶体的 $U_{\lambda/2}$ 与 λ 的关系。由图可见,在测定的范围 $400\sim700$ nm 内,这个关系是线性的。

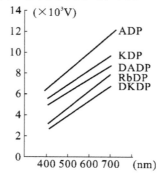

图 5.3　KDP 类晶体 $U_{\lambda/2}$ 与 λ 的关系

3. 光偏振态的变化

根据上述分析可知,两个偏振分量间相速度的差异,会使一个分量相对于另一个分量有一个相位差,而这个相位差的作用就会改变出射光束的偏振态。从"物理光学"的知识可知,波片可作为光波偏振态的变换器,它对入射光偏振态的改变是由波片的厚度决定的,在一般情况下,出射光束的合成振动是一个椭圆偏振光,用数学式表示为

$$\frac{E_{x'}^2}{A_1^2}+\frac{E_{y'}^2}{A_2^2}-\frac{2E_{x'}E_{y'}}{A_1A_2}\cos(\Delta\varphi)=\sin^2(\Delta\varphi) \tag{5-14}$$

现在有了一个与外加电压成正比变化的相位延迟晶体(相当于一个可调的偏振态变换器),因此,就可用电学方法将入射光波的偏振态变换成所需要的偏振态。为了说明这一点,下面考察几种特定情况下的偏振态变化。

(1) 当晶体上未加电场时,$\Delta\varphi=2m\pi(m=0,1,2,\cdots)$,则上面的方程可简化为

$$\left(\frac{E_{x'}}{A_1}-\frac{E_{y'}}{A_2}\right)^2=0, \quad 即 \quad E_y=(A_2/A_1)E_{x'}=E_{x'}\tan\theta \tag{5-15}$$

这是一个直线方程,说明通过晶体后的合成光仍然是线偏振光,且与 λ 射光的偏振方向一致,这种情况相当于一个"全波片"的作用。

(2)当晶体上加了电场($U_{\lambda/4}$),使 $\Delta\varphi=\left(m+\frac{1}{2}\right)$时,式(5-14)可简化为

$$\frac{E_{x'}^2}{A_1^2}+\frac{E_{y'}^2}{A_2^2}=1 \tag{5-16}$$

这是一个正椭圆方程,当 $A_1=A_2$ 时,其合成光就变成一个圆偏振光,这种情况相当于一个"1/4波片"的作用。

(3) 当外加电场($U_{\lambda/2}$)使 $\Delta\varphi=(2m+1)\pi$ 时,式(5-14)可简化为

$$\left(\frac{E_{x'}}{A_1}+\frac{E_{y'}}{A_2}\right)^2=0, \quad 即 \quad E_{y'}=-(A_2/A_1)E_{x'}=E_{x'}\tan(-\theta) \tag{5-17}$$

式(5-17)说明合成光又变成线偏振光,但偏振方向相对于 λ 射光旋转了 2θ 角(若 $\theta=45°$,即旋转了 90°),晶体起到一个"半波片"的作用。

综上所述,电致双折射的作用是使一束入射的沿 x' 方向偏振的光波得到 y' 方向偏振分量,随着电压的增加,y' 向的偏振分量增加,同时 x' 向偏振分量减小,当 $U_{\lambda/2}(\Delta\varphi=\pi)$时,偏振方向就变成与 y' 平行。如果在晶体的输出端放置一个与入射光偏振方向相垂直的偏振器,光束将无衰减地通过,而当 $U_z=0(\Delta\varphi=0)$时,出射光则会完全被偏振器挡住而不能通过,若晶体上所加电压在 $0\sim U_{\lambda/2}$ 间变化时,从检偏器输出的光强只是从晶体出射的椭圆偏振电矢量的 y' 向分量,因而就可以把偏振态的变化(偏振调制)变换成光强度的周期变化(强度调制)。

5.1.2 纵向电光调制器

1. 调制器的组成

图 5.4 所示是一个典型的 KDP 晶体纵向电光(强度)调制器。它由起偏器 P_1、调制晶体 K 和检偏器 P_2 等元件所组成。P_1 和 P_2 的结构完全相同,起偏器的偏振方向平行于晶体的 x

轴,检偏器的偏振方向平行于 y 轴。此外,在光路上还放置了一个 1/4 波片。

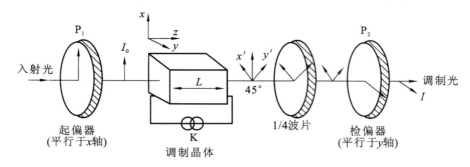

图 5.4 纵向电光调制器

调制晶体是电光调制器的核心部件,它按一定的方向加工成圆柱体状或长方体状。在纵向电光调制器中,因电场方向与通光方向平行,故通常是在晶体两端镀制环状电极,将欲调制的信号电压通过电极施加于晶体。

2. 调制器的工作原理

入射光经起偏器 P_1 变成振动方向与 x 轴平行的线偏振光,进入晶体($z=0$)后被分解为沿 x' 和 y' 方向的两个分量,其振幅(等于入射光振幅的 $\frac{1}{\sqrt{2}}$)和相位都相等,记为

$$e_{x'} = A\cos(\omega_c t)$$
$$e_{y'} = A\cos(\omega_c t)$$

或采用复数表示形式:

$$E_{x'}(0) = A$$
$$E_{y'}(0) = A$$

由于光强正比于电场的平方,因此,入射光强度为

$$I_i = \alpha E \cdot E^* = \alpha(|E_{x'}(0)|^2 + |E_{y'}(0)|^2) = 2\alpha A^2 \tag{5-18}$$

当光通过长度为 L 的晶体,从出射面射出时,$E_{x'}$ 和 $E_{y'}$ 分量间就产生了一个位相差 $\Delta\varphi$,则

$$E_{x'}(L) = A$$
$$E_{y'}(L) = A\exp(-i\Delta\varphi)$$

那么,通过检偏器后的总电场强度是 $E_{x'}(L)$ 和 $E_{y'}(L)$ 在 y 方向上的分量之和,即

$$(E_y)_0 = \frac{A}{\sqrt{2}}[\exp(-i\Delta\varphi) - 1]$$

与之相应的输出光强(当 $\alpha=1$ 时)

$$I = [(E_y)_0 (E_y^*)_0] = \frac{A^2}{2}\{[\exp(-i\Delta\varphi) - 1][\exp(i\Delta\varphi) - 1]\}$$
$$= 2A^2 \sin^2\left(\frac{\Delta\varphi}{2}\right)^* \tag{5-19}$$

将出射光强与入射光强相比,再考虑式(5-12)和式(5-13)的关系,便得到

$$T = \frac{I}{I_i} = \sin^2\left(\frac{\Delta\varphi}{2}\right) = \sin^2\left[\frac{\pi}{2}\frac{U}{U_\pi}\right] \tag{5-20}$$

式中:T 称为调制器的透过率。根据上述关系可以画出光强调制特性曲线,如图 5.5 所示。

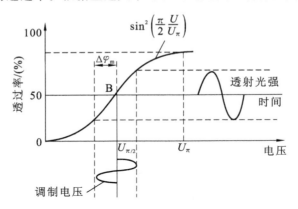

图 5.5 电光调制特性曲线

由图可见,在一般情况下,调制器的输出特性与外加电压的关系是非线性的。若调制器工作在非线性部分,则调制光将发生畸变。为了获得线性调制,可以通过引入一个固定的 π/2 相位延迟,使调制器的电压偏置在 $T=50\%$ 的工作点上。常用的办法有两种:其一,在调制晶体上除了施加信号电压之外,再附加一个 $V_{\lambda/4}$ 的固定偏压,但此法会增加电路的复杂性,而且工作点的稳定性也差;其二,在调制器的光路上插入一个 1/4 波片,其快慢轴与晶体主轴 x 成 45°,从而使 $E_{x'}$、$E_{y'}$ 二分量间产生 π/2 的固定相位差。于是式(5-20)中的总相位差为

$$\Delta\varphi = \frac{\pi}{2} + \pi\frac{V_m}{V_\pi}\sin(\omega_m t) = \frac{\pi}{2} + \Delta\varphi_m\sin(\omega_m t)$$

式中:$\Delta\varphi_m = \pi U_m/U_\pi$ 是相应于外加调制信号电压 U_m 的相位差。因此,调制器的透过率可表示为

$$T = \frac{I}{I_i} = \sin^2\left[\frac{\pi}{4} + \frac{\Delta\varphi_m}{2}\sin(\omega_m t)\right] = \frac{1}{2}\{1 + \sin[\Delta\varphi_m\sin(\omega_m t)]\} \tag{5-21}$$

5.1.3 横向电光调制器

横向电光调制器如图 5.6 所示。因为外加电场是沿 z 轴方向,因此与纵向运用时一样,$E_x = E_y = 0$,$E_z = E$,晶体的主轴 x、y 旋转 45° 至 x'、y',相应的三个主折射率如式(5-10)所示。但此时的通光方向与 z 轴相垂直,并沿着 y' 方向入射(入射光偏振方向与 z 轴成 45°),进入晶体后将分解为沿 x' 和 z 方向振动的两个分量,其折射率分别为 $n_{x'}$ 和 n_z;若通光方向的晶体长度为 L,厚度(两电极间距离)为 d,外加电场 $U = E_z d$,则从晶体出射两光波的相位差为

$$\Delta\varphi = \frac{2\pi}{\lambda}(n_{x'} - n_z)L = \frac{2\pi}{\lambda}\left[(n_o - n_e)L - \frac{1}{2}n_o^3\gamma_{63}\left(\frac{L}{d}\right)U\right] \tag{5-22}$$

由此可知,KDP 晶体的 γ_{63} 横向电光效应使光波通过晶体后的相位差包括两项:第一项是与外加电场无关的由晶体本身的自然双折射引起的相位延迟,这一项对调制器的工作没有什么影响,而且当晶体温度发生变化时,还会带来不利的影响,因此应设法消除(补偿)掉;

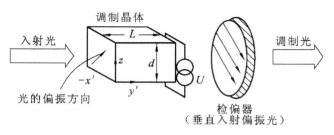

图 5.6　横向电光调调制器

第二项是外加电场作用产生的相位延迟,它与外加电压 U 和晶的尺寸(L/d)有关,若适当地选择晶体尺寸,则可以降低其半波电压。

　　KDP 晶体横向电光调制器的主要缺点是存在自然双折射引起的相位延迟,这意味着在没有外加电场时,进入晶体的线偏振光分解的两偏振分量就有相位差存在,当晶体的温度变化时,由于折射率 n_o 和 n_e 随温度的变化率不同,因而两光波的相位差会发生漂移。实验证明:KDP 晶体两折射率之差随温度变化而变化的变化率为:$\Delta(n_o - n_e)/\Delta T \approx 1.1 \times 10^{-5}/℃$。如果将一块长度 $L=30$ mm 的 KDP 晶体制成调制器,通过 632.8 nm 的激光,若晶体温度变化 $\Delta T = 1$ ℃,则 $\Delta(n_o - n_e) = 1.1 \times 10^{-5}$,引起的附加相位差为

$$\Delta\varphi = \frac{2\pi}{\lambda}\Delta n L = \left(\frac{2\pi}{0.6328 \times 10^{-6}} \times 1.1 \times 10^{-5} \times 0.03\right)\text{rad} = 1.1\pi \text{ rad}$$

因此,KDP 晶体横向调制器中,自然双折射的影响会导致调制发生畸变,甚至使调制器不能工作。所以在实际应用中,除了尽量采取一些措施(如散热、恒温等)以减小晶体温度的漂移之外,主要是采用一种"组合调制器"的结构予以补偿。常用的补偿方法有两种:一种是将两块几何尺寸几乎完全相同的晶体的光轴互成 90° 排列串接,即一块晶体的 y' 轴和 z 轴分别与另一块晶体的 z 轴和 y' 轴平行,如图 5.7(a)所示;另一种方法是将两块晶体的 z 轴和 y' 轴互相反向平行排列,中间放置一块半波片,如图 5.7(b)所示。这两种方法的补偿原理是相同的,外加电场沿 z 轴(光轴)方向,但在两块晶体中电场相对于光轴反向,当线偏振光沿 x' 轴方向入射第一块晶体时,电矢量分解为沿 z 方向的 e_1 光和沿 y' 方向的 o_1 光两个分量(为了便于说明,图中将合在一起的 o 光和 e 光分开画),当它们经过第一块晶体之后,两束光的相位差 $\Delta\varphi_1 = \varphi_{y'} - \varphi_z = \frac{2\pi}{\lambda}\left(n_o - n_e + \frac{1}{2}n_o^3\gamma_{63}E_z\right)L$,经过 1/2 波片后,两束光的偏振方向各旋转 90°,由于第二块晶体的光轴与第一块晶体光轴反向,故进入第二块晶体后,原来的 e_1 光变成 o_2 光,原来的 o_1 光变成了 e_2 光,则它们经过第二块晶体后,其相位差为

$$\Delta\varphi_2 = \varphi_z - \varphi_{y'} = \frac{2\pi}{\lambda}\left(n_e - n_o + \frac{1}{2}n_o^3\gamma_{63}E_z\right)L$$

于是,通过两块晶体之后的总相位差为

$$\Delta\varphi = \Delta\varphi_1 + \Delta\varphi_2 = \frac{2\pi}{\lambda}n_o^3\gamma_{63}\left(\frac{L}{d}\right)U_z \tag{5-23}$$

　　因此,若两块晶体的尺寸、性能及受外界影响完全相同,则自然双折射的影响即可得到补偿。根据式(5-23),当 $\Delta\varphi = \pi$ 时,半波电压为:$U_{\lambda/2} = \left(\frac{\lambda}{2n_o^3\gamma_{63}}\right)\frac{d}{L}$,其中括号内就是纵向电

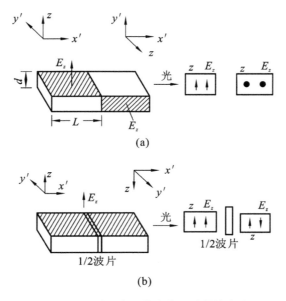

图 5.7　γ_{63} 横向电光效应的两种补偿方式

光效应的半波电压,所以

$$(U_{\lambda/2})_{\text{横}} = (U_{\lambda/2})_{\text{纵}} \frac{d}{L}$$

　　可见,横向半波电压是纵向半波电压的 d/L 倍,减小 d 并增加长度 L 可以降低半波电压。但是这种方法必须用两块晶体,所以结构复杂,而且其尺寸加工要求极高,对 KDP 晶体而言,若长度相差 0.1 mm,当温度变化 1 ℃时,相位变化则为 0.6°(对 632.8 nm 波长),故对 KDP 类晶体一般均不采用横向调制方式。在实际应用中,由于 43 m 族 GaAs 晶体($n_o = n_e$) 和 3 m 族 LiNbO₃ 晶体(x 方向加电场,z 方向通光)均无自然双折射的影响,故多采用横向调制。

5.1.4　电光相位调制

　　图 5.8 所示为电光相位调制器原理图,它由起偏器和 KDP 电光晶体组成。起偏器的偏振轴平行于晶体的感应主轴 x'(或 y'),电场沿 z 轴方向加到晶体上,此时入射晶体的线偏振光不再分解成沿 x'、y' 两个分量,而是沿着 x'(或 y')轴一个方向偏振,故外加电场不改变出射光的偏振状态,仅改变其相位,相位的变化为

$$\Delta \varphi_{x'} = -\frac{\omega_c}{c} \Delta n_{x'} L \tag{5-24}$$

因为光波只沿 x' 方向偏振,相应的折射率为:$n_{x'} = n_o - \frac{1}{2} n_o^3 \gamma_{63} E$。若外加电场 $E_z = E_m \sin(\omega_m t)$ 在晶体入射面($z=0$)处的光场为:$e_{in} = A_c \cos(\omega_c t)$,则输出光场($z=L$ 处)就变为

$$e_{out} = A_c \cos\left\{\omega_c t - \frac{\omega_c}{c}\left[n_o - \frac{1}{2} n_o^3 \gamma_{63} E_m \sin(\omega_m t)\right] L\right\}$$

略去式中相角的常数项,因为它对调制效果没有影响,则上式可写成

$$e_{out}=A_c\cos[\omega_c t+m_\varphi\sin(\omega_m t)] \tag{5-25}$$

式中: $m_\varphi=\dfrac{\omega_c n_o^3 \gamma_{63} E_m L}{2c}=\dfrac{\pi n_o^3 \gamma_{63} E_m L}{\lambda}$,称为相位调制系数。

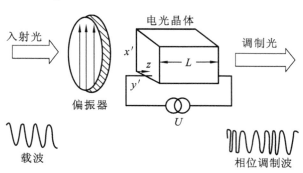

图 5.8   电光相位调制原理图

5.1.5 电光偏转

光束偏转技术是激光应用(如激光显示、传真和光存储等)的基本技术之一,可以用机械转镜、电光效应和声光效应等来实现。根据应用的目的不同可分为两种类型:一种是光的偏转角连续变化的模拟式偏转,它能描述光束的连续位移;另一种是不连续的数字式偏转,它是在选定空间的某些特定位置上使光离散。下面讨论电光偏转。

1. 电光偏转的原理

电光偏转是利用电光效应来改变光束在空间的传播方向的,其原理图如图5.9所示。晶体的长度为 L ,厚度为 d ,光束沿 y 方向入射晶体,如果晶体的折射率是坐标 x 的线性函数,即

$$n(x)=n+\frac{\Delta n}{d}x \tag{5-26}$$

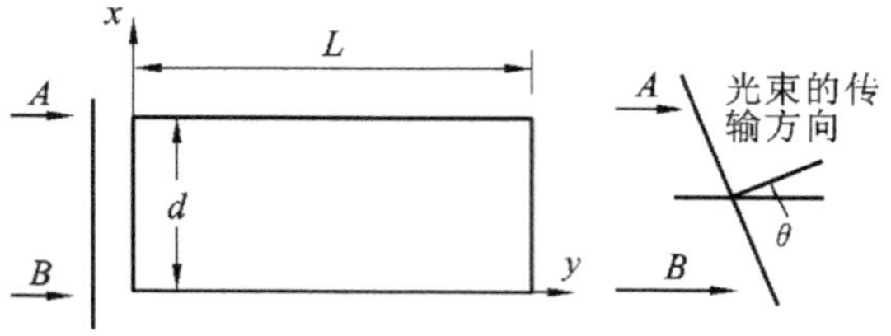

图 5.9   电光偏转原理图

式中: n 是 $x=0$ (晶体下面)处的折射率; Δn 是在厚度 d 上折射率的变化量。那么,在 $x=d$ (晶体上面)处的折射率,则线性函数 $n(x)=n+\Delta n$ 。当一平面波经过晶体时,光波的上部(A 线)和下部(B 线)所"经受"的折射率不同,通过晶体所需的时间也不同,分别为

$$T_A=\frac{L}{c}(n+\Delta n),\quad T_B=\frac{L}{c}(n)$$

由于通过晶体的时间不同而导致光线 A 相对于 B 要落后一段距离,即

$$\Delta y = \frac{c}{n}(T_A - T_B) = L\frac{\Delta n}{n}$$

这就意味着光波到达晶体出射面时,其波阵面相对于传播轴线偏转了一个小角度,其偏转角
(在输出端晶体内)为

$$\theta' = -\frac{\Delta y}{d} = -L\frac{\Delta n}{nd} = -\frac{L}{n}\frac{\mathrm{d}n}{\mathrm{d}x}$$

式中用折射率的线性变化率$\frac{\mathrm{d}n}{\mathrm{d}x}$代替了$\frac{\Delta n}{d}$,那么光束射出晶体后的偏转角$\theta$可根据折射定理
$\sin\theta/\sin\theta' = n$求得。设$\sin\theta \approx \theta \ll 1$,则

$$\theta = \theta' n = -L\frac{\Delta d}{d} = -L\frac{\mathrm{d}n}{\mathrm{d}x} \tag{5-27}$$

式中的负号是由坐标系引进的,即θ角由y转向x为负。由以上讨论可知,只要晶体在电场
的作用下,沿某些方向的折射率发生变化,那么当光束沿着特定方向入射时,就可以使光束
发生偏转。其偏转角的大小与晶体折射率的线性变化率成正比。

图 5.10 所示的是根据这种原理制成的双 KDP 楔形棱镜偏转器。它由两块 KDP 直角棱
镜组成,棱镜的三个边分别沿x'、y'和z轴方向,但两块晶体的z轴反向平行,其他两个轴的
取向均相同,电场沿z轴方向,光线沿y'方向传播且沿x'方向偏振。在这种情况下,上部的
A线完全在上棱镜中传播,"经历"的折射率为

$$n_A = n_o - \frac{1}{2}n_o^3\gamma_{63}E_z$$

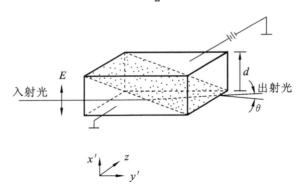

图 5.10 双 KDP 楔形棱镜偏转器

而在下棱镜中,因电场相对于z轴反向,故B线"经历"的折射率为

$$n_B = n_o + \frac{1}{2}n_o^3\gamma_{63}E_z$$

于是上、下折射率之差($\Delta n = n_B - n_A$)为$n_o^3\gamma_{63}E_z$,将其代入式(5-27),即得

$$\theta = \frac{L}{d}n_o^3\gamma_{63}E_z \tag{5-28}$$

例如,取$L = d = h = 1$ cm,$\gamma_{63} = 10.5 \times 10^{-12}$ m/V,$n_o = 1.51$,$U = 1000$ V,则得$\theta = 35 \times 10^{-7}$ rad。可见,电光偏转角是很小的,很难达到实用的要求。为了使偏转角加大,而电压又
不致太高,常将若干个 KDP 棱镜在光路上串联起来,构成长为mL、宽为d、高为h的偏转器,

如图 5.11 所示。两端有两块顶角为 $\beta/2$ 的直角棱镜，中间有几块顶角为 β 的等腰三角棱镜，它们的 z 轴垂直于图面，棱镜的宽度与 z 轴平行，前后相邻的两个棱镜的 z 轴反向，电场沿 z 轴方向。

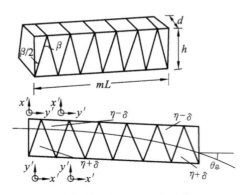

图 5.11　多级棱镜偏转器

各棱镜的折射率交替地为 $n_0 - \Delta n$ 和 $n_0 + \Delta n$，其中 $\Delta n = \dfrac{1}{2} n_0^3 \gamma_{63} E_z$。故光束通过偏转器后，总的偏转角为每级（一对棱角）偏转角的 m 倍，即

$$\theta_{总} = m\theta = \frac{mL n_0^3 \gamma_{63} U}{dh} \tag{5-29}$$

一般 m 取 $4 \sim 10$，$\theta_{总}$ 大小为几分，m 不能无限增加的主要原因是激光束有一定的尺寸，而 h 的大小有限，光束不能偏出 h 之外。

由于实际的光束都有一定的远场发散角 θ_b，因此对偏转器质量指标评价的主要品质因数不是偏转角 θ 的绝对大小，而是偏转角 θ 超过 θ_b 的倍数，即两者的比值为

$$N = \frac{\theta}{\theta_b} \tag{5-30}$$

式中：N 代表在电场作用下，在聚焦平面上可分辨的光斑点数，它是评价偏转器优劣的基本参数。为了求得 N，假定晶体置于高斯光束（基模）的束腰 ω_0 处，则光束的远场发散角

$$\theta_b = \frac{\lambda}{\pi \omega_0} \tag{5-31}$$

此光束可以通过高度为 $h \geqslant 2\omega_0$ 的晶体。因此，由式(5-30)可得分辨点数为

$$N = \frac{mL \pi n_0^3 \gamma_{63}}{2\lambda} E_z \tag{5-32}$$

由式(5-32)可以看出，若晶体上加半波电压 U_π，且 $L = d$，则可分辨点数 $N = m$。

2. 电光数字式偏转

它是由电光晶体和双折射晶体组合而成，其结构原理如图 5.12 所示。图中，S 为 KDP 电光晶体，B 为方解石双折射晶体（分离棱镜），它能使偏振光分成互相平行的两束光，其间隔 b 为分裂度，ε 为分裂角（也称离散角），γ 为入射光法线方向与光轴间的夹角。KDP 电光晶体 S 的 x 轴（或 y 轴）应平行于双折射晶体 B 的光轴与晶面法线所组成的平面。若一束入射光的偏振方向平行于 S 的 x 轴（对 B 而言，相当于 o 光），当 S 上未加电压时，光波通过 S 之后

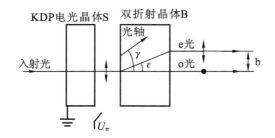

图 5.12　电光数字式偏转的原理图

偏振态不变,则它通过 B 时方向仍保持不变;当 S 上加了半波电压时,则入射光的偏振面将旋转 90°而变成 e 光。我们知道,不同偏振方向光波对光轴的取向不同,其传输的光路也是不同的,所以此时通过 B 的 e 光相对于入射方向就偏折了一个 ε 角,从 B 出射的 e 光与 o 光相距为 b。由物理光学的知识可知,当 n_o 和 n_e 确定后,对应的最大分裂角为 $\varepsilon_{max} = \arctan\left(\dfrac{n_e^2 - n_o^2}{2n_e n_o}\right)$。以方解石为例,其 $\varepsilon_{max} \approx 6°$(在可见光和近红外光波段)。由上述电光晶体和双折射晶体就构成一个一级数字偏转器,入射的线偏振光随电光晶体上加和不加半波电压而分别占据两个"地址"中的一个,分别代表"0"和"1"状态。若把 n 个这样的数字偏转器组合起来,就能做到 n 级数字式偏转。图 5.13 所示为一个三级数字式光偏转移,以及使入射光分离为 2^3 个偏转点的情况。光路上的短线"·"表示偏振面与纸面平行,"·"表示与纸面垂直。最后射出的光线中"1"表示某电光晶体上加了电压,"0"表示未加电压。

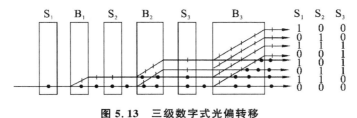

图 5.13　三级数字式光偏转移

要使可控位置分布在二维方向上,只要用两个彼此垂直的 n 级偏转器组合起来就可以实现。这样就可以得到 $2^n \times 2^n$ 个二维可控位置。

5.2　声光调制

5.2.1　声光效应

介质中存在弹性应力或应变时,介质的光学性质(折射率)将发生变化,这就是弹光效应。当超声波在介质中传播时,由于超声波是一种弹性波,将引起介质的疏密交替变化,或者说引起弹性形变,由于弹光效应,将导致介质光学性质发生变化,从而影响光在其中的传播特性。通常,我们把超声波引起的弹光效应称作声光效应。

1. 弹光效应

当晶体材料受外应力的作用产生形变时,分子间相互应力的改变会导致介质密度的变化,从而引起介电常数(折射率)的改变,这就是弹光效应的物理起因。理论上可将弹光效应引起的折射率变化写成统一的表达式:

$$\Delta n = -\frac{1}{2}n^3 ps$$

式中:p 为应变弹光系数;s 为应变张量。

2. 声光衍射

超声波是一种弹性波,当它通过介质时,介质中的各点将出现随时间和空间周期性变化的弹性应变。由于弹光效应,介质中各点的折射率也会产生相应的周期性变化。当光通过有超声波作用的介质时,相位就要受到调制,其结果如同它通过一个衍射光栅,光栅间距等于声波波长,光束通过这个光栅时就要产生衍射,这就是通常观察到的声光效应。

按照超声波频率的高低和介质中声光相互作用长度的不同,由声光效应产生的衍射有两种常用的极端情况,即喇曼-乃斯(Raman-Nath)衍射和布喇格(Bragg)衍射。衡量这两类衍射的参量是

$$Q = 2\pi L \frac{\lambda}{\lambda_s^2} \tag{5-33}$$

式中:L 是声光相互作用的长度;λ 是通过声光介质的光波长;λ_s 是超声波长。当 $Q \ll 1$(实践证明,当 $Q \leqslant 0.3$)时,为喇曼-乃斯衍射;当 $Q \gg 1$(实际 $Q \geqslant 4\pi$)时,为布喇格衍射。而在 $0.3 < Q < 4\pi$ 的中间区内,衍射现象较为复杂,通常的声光器件均不工作在这个范围内,故不作讨论。

1)喇曼-乃斯衍射

(1)超声行波的情况。

假设频率为 Ω 的超声波是沿 z 方向传播的平面纵波,波矢为 K_s,如图 5.14 所示,在介质中将引起正弦形式的弹性应变为

$$S_{11} = S \cdot \sin(K_s z - \Omega t) \tag{5-34}$$

相应地,将引起折射率椭球的变化

$$\Delta n = -\frac{1}{2}n_o^3 PS \sin(K_s z - \Omega t) \tag{5-35}$$

$$= -(\Delta n)_M \sin(K_s z - \Omega t)$$

式中:$(\Delta n)_M = n_o^3 PS/2$ 表示折射率变化的最大幅值。该式表明,声光介质在超声波作用下,折射率沿 z 方向出现了正弦形式的增量,因而声光介质沿 z 方向的折射率分布为

$$n(z,t) = n_o - (\Delta n)_M \sin(K_s z - \Omega t) \tag{5-36}$$

如果光通过这种折射率发生了变化的介质,就会产生衍射。

当超声波频率较低,声光作用区的长度较短,光线平行于超声波波面入射(即垂直于超声波传播的方向入射)时,超声行波的作用可视为与普通平面光栅相同的折射率光栅,频率为 ω 的平行光通过它时,将产生图 5.15 所示的多级光衍射。

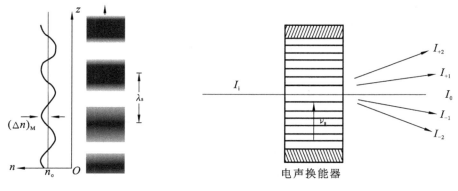

图 5.14　超声行波　　　　　　图 5.15　喇曼-乃斯多级光衍射

根据理论分析,各级衍射光的衍射角 θ 满足如下关系:

$$\lambda_s \sin\theta = m\lambda, \quad m = 0, \pm 1, \cdots \tag{5-37}$$

相应于第 m 级衍射的极值光强为

$$I_m = I_i J_m^2(V) \tag{5-38}$$

式中:I_i 是入射光强;$V = 2\pi(\Delta n)_M L/\lambda$ 表示光通过声光介质后,由于折射率变化引起的附加相移;$J_m(V)$ 是第 m 阶贝塞尔函数,由于

$$J_m^2(V) = J_{-m}^2(V)$$

所以,在零级透射光两边,同级衍射光强相等,这种各级衍射光强的对称分布是喇曼-乃斯衍射的主要特征之一,相应各级衍射光的频率为 $\omega + m\Omega$,即衍射光相对入射光有一个多普勒频移。

(2) 超声驻波的情况。在光电子技术的实际应用中,声光介质中的超声波可能是一个声驻波,在这种情况下,介质中沿 z 方向的折射率分布为

$$n(z,t) = n_0 + (\Delta n)_M \sin\Omega t \sin K_s z \tag{5-39}$$

光通过这种声光介质时,其衍射极大的方位角 θ 仍满足

$$\lambda_s \sin\theta = m\lambda, \quad m = 0, \pm 1, \cdots \tag{5-40}$$

各级衍射光强将随时间变化,正比于 $J_m^2(V\sin\Omega t)$,以 2Ω 的频率被调制。这一点是容易理解的:因为声驻波使得声光介质内各点折射率增量在半个声波周期内均要同步地由“+”变到“−”,或由“−”变到“+”,故在其越过零点的一瞬间,各点的折射率增量均为零,此时各点的折射率相等,介质变为无声场作用情况,相应的非零级衍射光强必为零。此外,理论分析指出,在声驻波的情况下,零级和偶数级衍射光束中,同时有频率为 $\omega, \omega \pm 2\Omega, \omega \pm 4\Omega, \cdots$ 的频率成分;在奇数级衍射的光束中,则同时有频率为 $\omega \pm \Omega, \omega \pm 3\Omega, \omega \pm 5\Omega, \cdots$ 的频率成分。

2) 布喇格衍射

以各向同性介质中的正常布喇格衍射为例来说明,当声波频率较高,声光作用长度 L 较大,而且光束与声波波面间以一定的角度斜入射时,光波在介质中要穿过多个声波面,故介质具有“体光栅”的性质。当入射光与声波面夹角满足一定关系时,介质内各级衍射会相互干涉。在一定条件下,各高级次衍射光将互相抵消,只出现零级和 +1 级(或 −1 级,视入射光的方向而定)衍射光,即产生布喇格衍射,如图 5.16 所示。因此,若能合理选择参数,超声

能量足够强,可使入射光能量几乎全部转移到+1级或-1级衍射极值上。因而光束能量可以得到充分利用,即利用布喇格衍射效应制成的声光器件可以获得较高的效率。

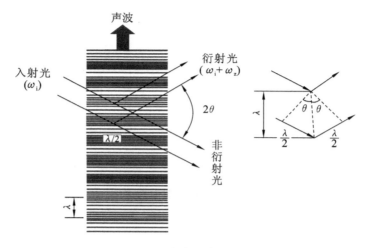

图 5.16 布喇格声光衍射

下面从波的干涉加强条件来推导布喇格方程。为此可把声波通过的介质近似看做许多相距为 λ_s 的部分反射、部分透射的镜面。对于行波超声场,这些镜面将以速度 v_s 沿 x 方向移动(因为 $\omega_m \ll \omega_c$,所以在某一瞬间,超声场可近似地看成是静止的,因而对衍射光的强度分布没有影响)。驻波超声场则完全是静止的,如图 5.17 所示。当平面波 1、2 以角度 θ_i 入射至声波场,在 B、C、E 各点处部分反射,产生衍射光 $1'$、$2'$、$3'$。各衍射光相干增强的条件是它们之间的光程差应为其波长的整倍数,或者说它们必须同相位。图 5.17(a)表示在同一镜面上的衍射情况,入射光 1、2 在 B、C 点反射的 $1'$、$2'$ 同相位的条件,必须使光程差 $AC-BD$ 等于光波波长的整倍数,即

$$x(\cos\theta_i - \cos\theta_d) = m\frac{\lambda}{n}, (m=0, \pm 1) \tag{5-41}$$

要使声波面上所有点同时满足这一条件,只有使入射角等于衍射角即可。对于相距 λ_s 的两个不同镜面上的衍射情况,如图 5.17(b)所示,由 C、E 点反射的 $2'$、$3'$ 具有同相位的条件,其光程差 $FE+EG$ 必须等于光波波长的整数倍,即

$$\theta_i = \theta_d \tag{5-42}$$

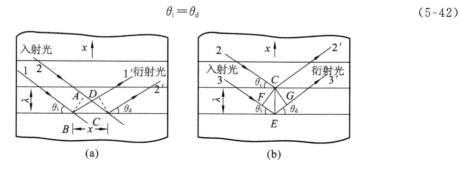

图 5.17 布喇格衍射产生条件的模型

$$\lambda_s(\sin\theta_i + \sin\theta_d) = \frac{\lambda}{n} \tag{5-43}$$

考虑到 $\theta_i = \theta_d$，所以

$$2\lambda_s\sin\theta_B = \frac{\lambda}{n} \quad \text{或} \quad \sin\theta_B = \frac{\lambda}{2n\lambda_s} = \frac{\lambda}{2nv_s}f_s \tag{5-44}$$

式中：$\theta_i = \theta_d = \theta_B$，$\theta_B$ 称为布喇格角。可见，只有入射角 θ_i 等于布喇格角 θ_B 时，在声波面上衍射的光波才具有同相位，满足相干加强的条件，得到衍射极值，式(5-44)称为布喇格方程。例如，水中的声光布喇格衍射，设光波波长 $\lambda = 0.5~\mu\text{m}$，$n = 1.33$，声波频率 $f_s = 500~\text{MHz}$，声速 $v_s = 1.5 \times 10^3~\text{m/s}$，则 $\lambda_s = \dfrac{v_s}{f_s} = 3 \times 10^{-6}~\text{m}$，从式(5-44)得到布喇格角为 $\theta_B \approx 6 \times 10^{-2}~\text{rad} = 3.4°$。

下面简要分析布喇格衍射光强度与声光材料特性和声场强度的关系。根据推证，当入射光强为 I_i 时，布喇格声光衍射的 0 级和 1 级衍射光强的表达式可分别写成

$$I_0 = I_i\cos^2\left(\frac{V}{2}\right), \quad I_1 = I_i\sin^2\left(\frac{V}{2}\right) \tag{5-45}$$

式中：V 是光波穿过长度为 L 的超声场所产生的附加相位延迟。V 可以用声致折射率的变化 Δn 来表示，即

$$V = \frac{2\pi}{\lambda}\Delta nL$$

则

$$I_1/I_i = \sin^2\left[\frac{1}{2}\left(\frac{2\pi}{\lambda}\Delta nL\right)\right] \tag{5-46}$$

设介质是各向同性的，由晶体光学可知，当光波和声波沿某些对称方向传播时，Δn 是由介质的弹光系数 P 和介质在声场作用下的弹性应变幅值 S 所决定，即

$$\Delta n = -\frac{1}{2}n^3PS \tag{5-47}$$

式中：S 与超声驱动功率 P_s 有关，而超声功率与换能器的面积（H 为换能器的宽度、L 为换能器的长度），声速 v_s 与能量密度 $\frac{1}{2}\rho v_s^2 S^2$（$\rho$ 是介质密度）有关，即

$$P_s = (HL)v_s\left(\frac{1}{2}\rho v_s^2 S^2\right) = \frac{1}{2}\rho v_s^3 S^2 HL$$

因此

$$S = \sqrt{2P_s/HL\rho v_s^3}$$

于是

$$\Delta n = -\frac{1}{2}n^3P\sqrt{\frac{2P_s}{HL\rho v_s^3}} = -\frac{1}{2}n^3P\sqrt{\frac{2I_s}{\rho v_s^3}} \tag{5-48}$$

式中：$I_s = P_s/HL$，称为超声强度。将式(5-48)代入式(5-46)，便得到

$$\eta_s = \frac{I_1}{I_i} = \sin^2\left[\frac{\pi L}{\sqrt{2}\lambda}\sqrt{\left(\frac{n^6P^2}{\rho v_s^3}\right)I_s}\right] = \sin^2\left[\frac{\pi L}{\sqrt{2}\lambda}\sqrt{M_2 I_s}\right] \tag{5-49}$$

或

$$\eta_s = \frac{I_1}{I_i} = \sin^2\left[\frac{\pi}{\sqrt{2}\lambda}\sqrt{\left(\frac{L}{H}\right)M_2 P_s}\right] \tag{5-50}$$

式中：$M_2 = n^6P^2/\rho v_s^3$ 是声光介质的物理参数组合，是由介质本身性质决定的量，称为声光材料的品质因数（或声光优质指标），它是选择声光介质的主要指标之一。从式(5-50)可知：

（a）若在超声功率 P_s 一定情况下，欲使衍射光强尽量大，则要求选择 M_2 大的材料，并且把换能器制成长而窄（即 L 大、H 小）的形式；

（b）当超声功率 P_s 足够大，使 $\left[\dfrac{\pi}{\sqrt{2}\lambda}\sqrt{\left(\dfrac{L}{H}\right)M_2 P_s}\right]$ 达到 $\dfrac{\pi}{2}$ 时，$I_1/I_i = 100\%$；

（c）当 P_s 改变时，I_1/I_i 也随之改变，因而通过控制 P_s（即控制加在电声换能器上的电功率）就可以达到控制衍射光强的目的，实现声光调制。

5.2.2 声光调制器

声光调制器是由声光介质、电声换能器、吸声（或反射）装置及驱动电源等部分组成，如图 5.18 所示。

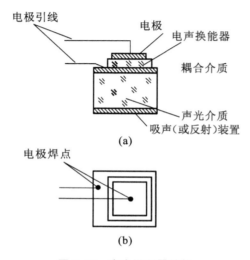

图 5.18 声光调制器结构

（1）声光介质。声光介质是声光互作用的场所。当一束光通过变化的超声场时，由于光和超声场的互作用，其出射光就具有随时间变化而变化的各级衍射光，利用衍射光的强度随超声波强度的变化而变化的性质，就可以制成光强度调制器。

（2）电声换能器（又称超声发生器）。它利用某些压电晶体（如石英、$LiNbO_3$ 等）或压电半导体（如 CdS、ZnO 等）的反压电效应，在外加电场作用下产生机械振动而形成超声波，所以它起着将调制的电功率转换成声功率的作用。

（3）吸声（或反射）装置。它放置在超声源的对面，用于吸收已通过介质的声波（工作于行波状态），以免声波返回介质产生干扰，但要使超声场工作在驻波状态，则需要将吸声装置换成声反射装置。

（4）驱动电源。用以产生调制电信号施加于电声换能器的两端电极上，驱动声光调制器（换能器）工作。

声光调制器的工作原理，由前面的分析可知，无论是喇曼-乃斯衍射，还是布喇格衍射，其衍射效率均与附加相位延迟因子 $V = \dfrac{2\pi}{\lambda}\Delta n L$ 有关，而其中声致折射率差 Δn 正比于弹性应

变幅值 S,如果声载波受到信号的调制使声波振幅随之变化,则衍射光强也将受到相同调制信号的调制。

对于喇曼-乃斯衍射,工作声频率低于 10 MHz,图 5.19(a)所示为喇曼-乃斯型声光调制器的工作原理,其各级衍射光强比例于 $J_m^2(V)$,若取某一级衍射光作为输出,可利用光阑将其他级的衍射光遮挡,则从光栏孔出射的光束就是一个随 V 变化的调制光。如果 $V = \frac{2\pi}{\lambda}\Delta nL < 2.4$,则可以获得线性调制。由于喇曼-乃斯衍射效率低,光能利用率也低,相互作用的长度 L 小,当工作频率较高时,最大允许长度太小,要求的声功率很高,因此喇曼-乃斯型声光调制器只限于低频工作,只具有有限的带宽。

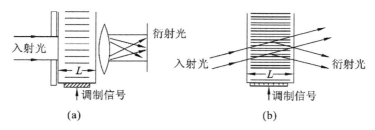

图 5.19　声光调制器

(a) 喇曼-乃斯型;(b) 布喇格型

对于布喇格衍射,其衍射效率为

$$\eta_s = I_d / I_i = \sin^2\left(\frac{V}{2}\right)$$

布喇格型声光调制器的工作原理如图 5.19(b)所示。在声功率 P_s(或声强 I_s)较小的情况下,衍射效率 η_s 随声强度 I_s 单调地增加(呈线性关系):

$$\eta_s \approx \frac{\pi^2 L^2}{2\lambda^2 \cos^2\theta_B} M_2 I_s \tag{5-51}$$

因此,若对声强度加以调制,衍射光强也相应受到调制。布喇格衍射必须使入射光束以布喇格角 θ_B 入射,同时在相对于声波阵面对称方向产生衍射光束时,布喇格衍射才能出现满意的效率。由于布喇格衍射效率高,且调制带宽可以很宽,故在实际应用中被广泛采用。

5.2.3　声光偏转

声光效应的另一个重要用途是用来使光束偏转。声光偏转器的结构与布喇格型声光调制器的基本相同,不同之处在于调制器是改变衍射光的强度,而偏转器则是利用改变声波频率来改变衍射光的方向,使之发生偏转,既可以使光束连续偏转,也可以使分离的光点扫描偏转。

从前面的声光布喇格衍射理论分析可知,光束以 θ_i 角入射介质产生衍射极值应满足布喇格条件:

$$\sin\theta_B = \frac{\lambda}{2n\lambda_s},\ \theta_i = \theta_d = \theta_B$$

布喇格角一般很小,可写为

$$\theta_{\mathrm{B}} \approx \frac{\lambda}{2n\lambda_{\mathrm{s}}} = \frac{\lambda}{2nv_{\mathrm{s}}} f_{\mathrm{s}} \tag{5-52}$$

故衍射光与入射光间的夹角(偏转角)等于布喇格角 θ_{B} 的 2 倍,即

$$\theta = \theta_{\mathrm{i}} + \theta_{\mathrm{d}} = 2\theta_{\mathrm{B}} = \frac{\lambda}{nv_{\mathrm{s}}} f_{\mathrm{s}} \tag{5-53}$$

由上式可以看出:改变超声波的频率 f_{s},就可以改变其偏转角 θ,从而达到控制光束传播方向的目的,即超声频率的改变 Δf_{s} 引起光束偏转角的变化为

$$\Delta\theta = \frac{\lambda}{nv_{\mathrm{s}}} \Delta f_{\mathrm{s}} \tag{5-54}$$

这可用图 5.20 及声光波矢关系予以说明。设声波频率为 f_{s} 时,声光衍射满足布喇格条件,则声光波矢图为闭合等腰三角形,衍射极值沿着与超声波面成 θ_{d} 角的方向。若声波频率变为 $f_{\mathrm{s}} + \Delta f_{\mathrm{s}}$ 时,则根据 $k_{\mathrm{s}} = \frac{2\pi}{v_{\mathrm{s}}} f_{\mathrm{s}}$ 的关系,声波矢量将有 $\Delta k_{\mathrm{s}} = \frac{2\pi}{v_{\mathrm{s}}} \Delta f_{\mathrm{s}}$ 的变化。由于入射角 θ_{i} 不变,衍射光波矢大小也不变,则声光波矢图不再闭合。光束将沿着 OB 方向衍射,相应的光束偏转角为 $\Delta\theta$。因为 θ 和 $\Delta\theta$ 都很小,因而可近似地认为 $\Delta\theta = \frac{\Delta k_{\mathrm{s}}}{k_{\mathrm{s}}} = \frac{\lambda}{nv_{\mathrm{s}}} \Delta f_{\mathrm{s}}$,所以偏转角与声频的改变成正比。

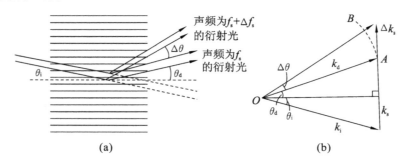

图 5.20 声光偏转原理图

5.3 磁光调制

5.3.1 磁致旋光效应

磁光效应是磁光调制的物理基础。有些物质,如顺磁性、铁磁性和亚铁磁性材料等,其内部组成的原子或离子都具有一定的磁矩,由这些磁性原子或离子组成的化合物具有很强的磁性,称为磁性物质。人们发现,在磁性物质内部有很多小区域,在每个小区域内,所有的原子或离子的磁矩都互相平行地排列着,通常把这种小区域称为磁畴;因为各个磁畴的磁矩方向不相同,因而其作用互相抵消,所以宏观上并不显示出磁性。若沿物体的某一方向施加一外磁场,那么物体内各磁畴的磁矩就会从各个不同的方向转到磁场方向上来,这样对外就显示出磁性。当光波通过这种磁化的物体时,其传播特性发生变化,这种现象称为磁光效应。磁光效应包括法拉第旋转效应、克尔效应和磁双折射(Cotton-Mouton)效应等。其中最

主要的是法拉第旋转效应,它使一束线偏振光在外加磁场作用下的介质中传播时,偏振方向发生旋转,其旋转角 θ 的大小与沿光束方向的磁场强度 B 和光在介质中传播的长度 L 之积成正比。

$$\theta = VBL \tag{5-55}$$

式中:V 称为维尔德(Verdet)常数,它表示在单位磁场强度下线偏振光通过单位长度的磁光介质后偏振方向旋转的角度。表 5.1 列出了一些磁光材料的维尔德常数。

表 5.1　不同材料的维尔德常数　　　　　单位:$10^4(')/(\text{cm} \cdot \text{T})$

材料名称	晃玻璃	火石玻璃	氯化钠	金刚石	水
V	0.015~0.025	0.03~0.05	0.036	0.012	0.013

对于旋光现象的物理原因,菲涅尔曾提出一种唯像的解释。他认为任何一个线偏振光都可以分解为频率相同、初相位相同的两个圆偏振光,其中一个圆偏振光的电矢量是顺时针方向旋转,称为右旋圆偏光,而另一个圆偏振光是逆时针方向旋转的,称为左旋圆偏光。这两个圆偏振光无相互作用地以略有不同的速度 $v_+ = c/n_R$ 和 $v_- = c/n_L$ 传播,它们通过厚度为 L 的介质之后产生的相位延迟分别为

$$\left.\begin{array}{l} \varphi_1 = \dfrac{2\pi}{\lambda} n_R L \\[2mm] \varphi_2 = \dfrac{2\pi}{\lambda} n_L L \end{array}\right\} \tag{5-56}$$

当它们通过介质之后,又合成为一线偏振光,通过介质后的光波的偏振方向相对于入射光旋转了一个角度。图 5.21 中 z 表示入射介质的线偏振光的振动方向,将振幅 A 分解为左旋和右旋两个矢量 A_L 和 A_R,假设介质的长度 L 使右旋光矢量 A_R 转回到原来的位置,此时左旋光矢量(由于 $v_L \neq v_R$)转到 A'_L,于是合成的线偏振光 A' 相对于入射光的偏振方向转了一个角度 θ,此值等于 δ 的一半,即

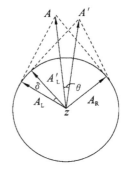

$$\theta = \frac{\delta}{2} = \frac{\pi}{\lambda}(n_R - n_L)L \tag{5-57}$$

可以看出,A' 的偏振方向将随着光波的传播向右旋转,这称为右旋光效应。

图 5.21　光通过介质后偏振方向旋转

磁致旋光效应的旋转方向仅与磁场方向有关,而与光线传播方向的正逆无关,这是磁致旋光现象与晶体的自然旋光现象的不同之处。即当光束往返通过自然旋光物质时,因旋转角相等、方向相反而相互抵消,但通过磁光介质时,只要磁场方向不变,旋转角都朝一个方向增加,此现象表明磁致旋光效应是一个不可逆的光学过程,因而可利用其来制成光学隔离器或单通光闸等器件。

目前,最常用的磁光材料主要是钇铁石榴石(YIG)晶体,它在波长 1.2~4.5 μm 之间的吸收系数很低($\alpha \leqslant 0.03 \text{ cm}^{-1}$),而且有较大的法拉第旋转角,这个波长范围包括了光纤传输的最佳范围(1.1~1.5 μm)和某些固体激光器的频率范围,因此,有可能制成调制器、隔离器、开关、环形器等磁光器件。由于磁光晶体的物理性能随温度变化不大,不易潮解,调制电

压低,这是它比电光、声光器件的优越之处。但是当工作波长超出上述范围时,吸收系数急剧增大,致使器件不能工作。这表明它在可见光区域一般是不透明的,而只能用于近红外区和红外区,因此它的应用受到很大的局限。

5.3.2 磁光调制器

磁光调制器的组成如图 5.22 所示。工作物质(YIG 或掺 Ga 的 YIG 棒)放在沿 z 轴方向的光路上,它的两端放置有起偏器、检偏器,高频螺旋形线圈环绕在 YIG 棒上,受驱动电源的控制,用以提供平行于 z 轴的信号磁场。为了获得线性调制,在垂直于光传播的 x 轴方向上加一恒定磁场 B_{dc},其强度足以使晶体饱和磁化。工作时,高频信号电流通过线圈就会感生出平行于光线传播方向的磁场,入射光通过 YIG 晶体时,由于法拉第旋转效应,其偏振面发生旋转,旋转角与磁感强度 B 成正比,因此,只要用调制信号控制磁感强度的变化,就会使光的偏振面发生相应的变化。但这里因加有恒定磁场 B_{dc},且与通光方向垂直,故旋转角与 B_{dc} 成反比,于是

$$\theta = \theta_s \frac{B_0 \sin(\omega_B t)}{B_{dc}} L_0 \tag{5-58}$$

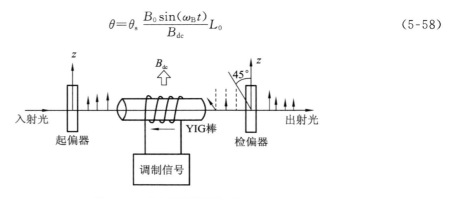

图 5.22 磁光调制器的组成

式中:θ_s 是单位长度饱和法拉第旋转角;$B_0 \sin(\omega_B t)$ 是调制磁场。如果再通过检偏器,就可以获得一强度变化的调制光。

5.4 调 Q 技术

5.4.1 概述

调 Q 技术的出现和发展,是激光技术及应用的一个重大进展。它是将激光的全部能量压缩到宽度极窄的脉冲中发射,从而使光源的峰值功率提高几个数量级的一种技术,这样强的相干辐射光与物质相互作用,就产生了一系列具有重大意义的现象和技术(如非线性光学的出现),同时也推动了激光测距、激光雷达、高速全息照相等应用技术的发展。

调 Q 技术自 1961 年提出来以后,发展极为迅速,激光器的输出功率几乎每年增加一个数量级,脉冲宽度的压缩也取得很大进展。现在,想要获得峰值功率在兆瓦级(10^6 W)以上,脉宽为纳秒级(10^{-9} s)的激光脉冲已不困难。我们知道,一般固体脉冲激光器输出的脉冲,

其脉宽有几百微秒甚至几毫秒,其峰值功率也只有几十千瓦,这远远不能满足某些激光应用的要求,例如,激光脉冲测距要求高峰功率(传播距离远)的窄脉冲。调 Q 技术就是为了适应这类要求而发展起来的。

本节将介绍调 Q 技术的原理和方法,内容包括调 Q 激光器振荡过程的理论、用速率方程的方法对激光脉冲的输出特性进行分析,以及实现调 Q 技术所采用的各种方法。

1. 脉冲固体激光器的输出特性

将普通的脉冲固体激光器输出的脉冲用示波器进行观察、记录,可以发现其波形并非一个平滑的光脉冲,而是由许多振幅、脉宽和间隔作随机变化的尖峰脉冲组成的,如图 5.23(a)所示。每个尖峰的宽度为 0.1~1 μs,间隔为数微秒,脉冲序列的长度大致与闪光灯泵浦持续时间相等。图 5.23(b)所示为观察到的红宝石激光器输出的尖峰,这种现象称为激光器弛豫振荡。

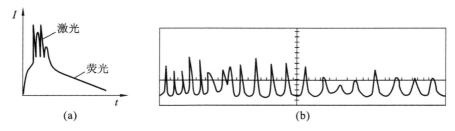

图 5.23　脉冲激光器输出的尖峰结构

产生弛豫振荡的主要原因是:当激光器的工作物质被泵浦,上能级的粒子反转数超过阈值条件时,即产生激光振荡,使腔内光子数密度增加,而发射激光。随着激光的发射,上能级粒子数大量被消耗,导致粒子反转数降低,当低于阈值水平时,激光振荡就停止,这时,由于光泵的继续抽运,上能级粒子反转数重新积累,当超过阈值时,又产生第二个脉冲,如此不断重复上述过程,直到泵浦停止才结束。可见每个尖峰脉冲都是在阈值附近产生的,因此脉冲的峰值功率水平较低。从这个作用过程可以看出,增大泵浦能量也无助于峰值功率的提高,而只会使小尖峰的个数增加。

弛豫振荡产生的物理过程,可以用图 5.24 来描述。它显示出了在弛豫振荡过程中粒子反转数 Δn 和腔内光子数 ϕ 的变化,每个尖峰可以分为 4 个阶段。

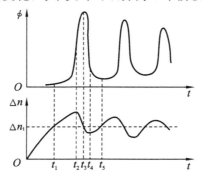

图 5.24　腔内光子数和粒子反转数随时间的变化

在 t_1 时刻之前,由于泵浦作用,粒子反转数 Δn 增加,但尚未到达阈值 Δn_t,因而不能形成激光振荡。

第一阶段($t_1 \sim t_2$):激光振荡刚开始时,$\Delta n = \Delta n_t$,$\phi = 0$;由于光泵作用,Δn 继续增加,与此同时,腔内光子数密度 ϕ 开始增加。由于 ϕ 的增加而使 Δn 减少的速率小于泵浦使 Δn 增加的速率,因此 Δn 一直增加到最大值。

第二阶段($t_2 \sim t_3$):Δn 到达最大值后开始下降,但仍然大于 Δn_t,因此 ϕ 继续增长,而且增长速度非常迅速,达到最大值。

第三阶段($t_3 \sim t_4$):$\Delta n < \Delta n_{th}$,增益小于损耗,光子数密度 ϕ 减少,并急剧下降。

第四阶段($t_4 \sim t_5$):光子数减少到一定程度,泵浦又起主要作用,于是 Δn 又开始回升,到 t_5 时刻 Δn 又达到阈值 Δn_{th},于是又开始产生第二个尖峰脉冲。因为泵浦的抽运过程的持续时间要比每个尖峰脉冲宽度大得多,于是上述过程周而复始,产生一系列尖峰脉冲。

2. 调 Q 的基本原理

在激光技术中,用品质因数 Q 描述与谐振腔损耗有关的特性。Q 值定义为

$$Q = 2\pi\nu_0 \left(\frac{\text{腔内存储的激光总能量}}{\text{每秒损耗的激光能量}} \right)$$

式中:ν_0 为激光的中心频率。用 W 表示腔内存储的能量,δ 表示光在腔内传播一个单程 L 时能量的损耗率,那么光在一个单程中的能量损耗则为 δW。设 L 为谐振腔腔长,n 为介质折射率,c 为光速,则光在腔内走一单程所需的时间为 nL/c。由此,光在腔内每秒钟损耗的能量为 $\frac{\delta W}{nL/c}$。这样,Q 值可表示为

$$Q = 2\pi\nu_0 \frac{W}{\delta Wc/nL} = \frac{2\pi nL}{\delta \lambda_0} \tag{5-59}$$

式中:λ_0 为真空中激光中心波长。由式(5-59)式可知,Q 值与谐振腔的损耗成反比,即损耗大,Q 值就低,阈值高,不易起振;损耗小,Q 值就高,则阈值低,易于起振。

调 Q 技术就是通过某种方法使腔的 Q 值随时间按一定程序变化的技术。在泵浦开始时使腔处于低 Q 值状态,即提高振荡阈值,使振荡不能形成,上能级的反转粒子数就可以大量积累,当积累到最大值(饱和值)时,突然使腔的损耗减小,Q 值突增,激光振荡迅速建立起来,在极短的时间内上能级的反转粒子数被消耗,转变为腔内的光能量,在腔的输出端以单一脉冲形式将能量释放出来,于是就获得峰值功率很高的巨脉冲激光输出。

调 Q 激光脉冲的建立过程,各参量随时间的变化情况,如图 5.25 所示。图 5.25(a)表示泵浦速率 W_P 随时间的变化,图 5.25(b)表示腔的 Q 值是时间的阶跃函数,图 5.25(c)表示粒子反转数 Δn 的变化;图 5.25(d)表示腔内光子数 ϕ 随时间的变化。

在泵浦过程的大部分时间里谐振腔处于低 Q 值(Q_0)状态,故阈值很高而不能起振,从而激光上能级的粒子数不断积累,直至 t_0 时刻,粒子数反转达到最大值 Δn_i,在这一时刻,Q 值突然升高(损耗下降),振荡阈值随之降低,于是激光振荡开始建立。由于 $\Delta n_i \gg \Delta n_t$(阈值粒子反转数),因此受激辐射增强非常迅速,激光介质存储的能量在极短的时间内转变为受激辐射场的能量,结果产生了一个峰值功率很高的窄脉冲。

由图还可看出,调 Q 脉冲的建立有个过程,当 Q 值阶跃上升时,开始振荡,根据研究表

明,在 $t=0$ 时刻,振荡开始建立以后一个较长的过程中,光子数 ϕ 增长十分缓慢,如图 5.26
所示,其值始终很小($\phi\approx\phi_i$),受激辐射几率很小,此时仍是自发辐射占优势。只有振荡持续
到 $t=t_D$ 点时,ϕ 增长到了 ϕ_D,雪崩过程才形成,ϕ 才迅速增大,受激辐射才迅速超过自发辐射
而占优势。因此,调 Q 脉冲从振荡开始建立到巨脉冲激光形成需要一定的延迟时间 Δt(也就
是 Q 开关开启的持续时间)。光子数的迅速增长,使 Δn_i 迅速减少,到 $t=t_p$ 时刻,$\Delta n_i=\Delta n_t$,
光子数达到最大值 ϕ_m 之后,由于 $\Delta n<\Delta n_t$,则 ϕ 迅速减少,此时 $\Delta n=\Delta n_f$,称为剩余粒子数
密度。

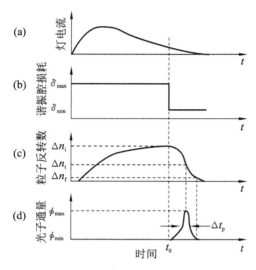

图 5.25　Q 开关激光脉冲建立过程　　图 5.26　从开始振荡到脉冲形成的过程

文献研究表明:为了能在 Q 开关开启的持续时间 Δt 内形成激光,反转粒子数必须达到
一定的值 $\Delta n_{t(Q-S)}$ 。

$$\frac{\Delta n_{t(Q-S)}}{\Delta n_t}=1+\frac{\tau_c}{\Delta t}\ln\frac{\phi_0}{\phi_i} \tag{5-60}$$

式中:$\Delta n_{t(Q-S)}$ 称为(调 Q 的)动态阈值反转粒子数;Δn_t 相应(不调 Q)地称为静态阈值反转粒
子数;$\tau_c=\frac{L}{\delta_0 c}$ 为腔内光子寿命,L 为谐振腔长,δ_0 为单程损耗;Δt 为 Q 开关开启持续时间。

可以看出:阈值动静比 $\frac{\Delta n_{t(Q-S)}}{\Delta n_t}$ 与 τ_c、Δt 两个参数有关,当 $\tau_c(\delta_0,L)$ 一定时,只与 Δt 有
关:Δt 越小,阈值动静比越大;反之,则阈值动静比越小。由此可知,要改变其激光阈值条件,
除了改变损耗 δ 之外,还可以通过改变 Δt 来实现。

通常,用调节谐振的损耗 δ 的方法来调节激光器的 Q 值,谐振腔的损耗包括反射损耗、
吸收损耗、衍射损耗、散射损耗和输出损耗等。用不同的方法控制不同类型的损耗,就形成
不同的调 Q 技术。目前常用的有转镜调 Q 技术、声光调 Q 技术、电光调 Q 技术,以及饱和吸
收染料调 Q 技术等。下面分别介绍各种调 Q 技术。

5.4.2　转镜调 Q 技术

激光器的谐振腔中,两反射镜的平行度直接影响着谐振镜的 Q 值,转镜调 Q 技术就是利

用改变反射镜的平行度来控制谐振腔的 Q 值的方法。

图 5.27 所示为转镜调 Q 激光器的示意图。它是把脉冲激光器谐振腔的全反射镜用一直角棱镜取代,该棱镜安装在一个高速旋转马达的转子上,由于它绕垂直于腔的轴线作周而复始的旋转,因此构成一个 Q 值作周期变化的谐振腔。当泵浦氙灯点燃后,由于棱镜面与腔轴不垂直,反射损耗很大,此时谐振腔的 Q 值很低,所以不能形成激光振荡。在这段时间内,工作物质在光泵激励下,激光上能级反转粒子数大量积累,同时棱镜面也逐渐转到接近腔轴垂直的位置,谐振腔的 Q 值逐渐升高,在一定的时刻就形成激光振荡,并输出巨脉冲。这就是转镜调 Q 技术的工作原理。

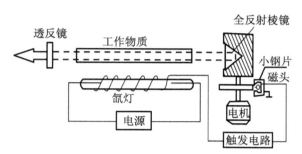

图 5.27 转镜调 Q 激光器的示意图

要使转镜调 Q 激光器获得稳定的最大功率输出,最关键的问题就是准确地控制延迟时间。在氙灯点燃之后,需要经过一定的延迟时间以保证反转粒子数达到极大值(饱和值),此时恰好等于棱镜转到成腔位置(两反射镜相平行的位置)所需要的时间,使之形成激光振荡,才能获得最大激光功率输出。因此,过早或过迟地产生激光振荡都是不理想的。图 5.28 所示为转镜调 Q 的运转过程。

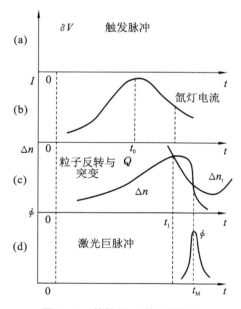

图 5.28 转镜调 Q 的运转过程

为了准确地控制延迟时间,通常采用如图 5.29 所示的延迟装置。它是在棱镜架上装一块磁钢和棱镜一起高速旋转,当磁钢转到与磁头相切时,磁头线圈就感应出脉冲信号,放大后经触发电路去点燃氙灯。磁头的位置可以调整,磁头位置的确定是根据当棱镜面的法线方向与谐振腔的轴线方向成 φ 角时,磁钢正好通过磁头点燃氙灯。夹角 φ 称为延迟角,与其对应的便是延迟时间 t,若马达的转速为 n(r/min),则有如下对应关系

$$t = 60\varphi/2n\pi \tag{5-61}$$

式中:t 的单位为 s;φ 的单位为 rad;n 的单位为 r/min。

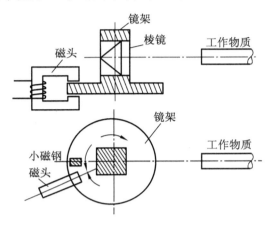

图 5.29　转镜调 Q 的延迟装置

延迟时间与工作物质上能级的粒子寿命、氙灯的放电波形,以及谐振腔的结构都有关系。不同的工作物质,其最佳延迟时间不同,例如,红宝石的最佳延迟时间约为 1.5 ms,钕玻璃的约为 250 μs,YAG 的约为 120 μs。在实际工作中,可以根据氙灯波形和工作物质上能级寿命估算出延迟时间 t,再计算 φ 角,然后把棱镜面的法线方向置于偏离轴线 φ 角的位置,同时把磁头放置在面对小磁钢的位置上紧固。随后再通过实验,调整磁头位置,直到输出的激光最强为止。

5.4.3　声光调 Q 技术

声光调 Q 器件的结构与前面介绍的声光调制器基本相同,它由声光介质、电声换能器、吸声材料和驱动电源组成,其装置示意图如图 5.30 所示。声光介质主要用熔融石英、玻璃、钼酸铅等。换能器常采用石英、铌酸锂等晶体制成。吸声材料常用铅橡胶或玻璃棉等。把声光 Q 开关器件插入谐振腔内,使其工作于布喇格衍射状态,则 1 级衍射光相对于零级光有 2θ 角的偏离,这一角度由 $2\theta = n\lambda/\lambda_s$ 确定,例如,当超声频率在 $20 \sim 50$ MHz 范围时,石英对 1.06 μm 波长的衍射角为 $0.3° \sim 0.8°$,这一角度完全可以使 1 级衍射光偏离出谐振腔外。于是,当声光 Q 开关器件中存在超声场时,谐振腔处于高损耗、低 Q 值状态;撤去换能器的驱动电源时超声场消失,于是谐振腔又恢复高 Q 值状态。Q 值交替变化一次,就会使激光器发射一个调 Q 脉冲。

对于前面介绍的转镜调 Q 技术,为了使工作物质所存储的能量在很短的时间内以单一脉冲发射,Q 开关必须在短于激光脉冲建立的时间内完成由低 Q 值到高 Q 值的转变(阶跃式

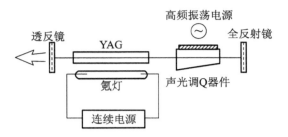

图 5.30　声光调 Q 激光器示意图

变化)。对于声光 Q 开关,断开的时间主要由声波通过光束的渡越时间决定(电子开关时间不是主要的),以熔融石英为例,声波通过 1 mm 的长度需要约 200 ns(声速为 5 mm/μs),这一时间对于某些高增益的脉冲激光器来说显得太长。因此,声光 Q 开关一般用于增益较低的连续激光器,而且声光 Q 开关所需的驱动调制电压很低(小于 200 V),故容易实现对连续激光器调 Q 以获得高重复频率的脉冲输出,一般重复率可达 1~20 kHz。

声光 Q 开关用于连续激光器时,需要用脉冲调制器产生频率为 f 的信号来调制高频振荡器的信号,因此声光介质中超声场出现的频率便为脉冲调制信号的频率,于是激光器输出重复率为 f 的调 Q 脉冲序列。为了能使激光工作物质上能级积累足够多的粒子,并且避免过多的自发辐射损耗,以便激光器在保证一定的峰值功率下得到最大的反转粒子数利用率,相邻两个脉冲的时间间隔 $1/f$ 大致要与激光工作物质的上能级寿命相等,如 Nd:YAG 激光器,其上能级寿命约为 230 ns,因此,选取调 Q 重复率 f 在 4~5 kHz 为宜。在这种情况下,反转粒子数的利用率最高,可以获得峰值功率在 20~30 kW 的调 Q 脉冲序列。重复频率过高或过低都会影响调 Q 的效果。

连续激光器高重复率声光调 Q 过程,如图 5.31 所示。在这种情况下,泵浦速率 $W_{\rm p}$ 保持不变(见图 5.31(a)),但谐振腔的 Q 值作周期性变化(见图 5.31(b)),它的变化周期由脉冲调制信号频率 f 决定,输出一系列高重复率的调 Q 脉冲(见图 5.31(c))。由于泵浦是连续的,谐振腔的 Q 值(也就是腔的损耗)以频率 f 由高 Q 态到低 Q 态作周期变化,故激光工作物质的反转粒子数也作相应的变化(见图 5.31(d))。

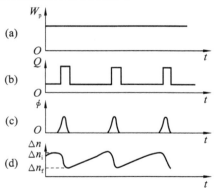

图 5.31　连续激光器高重复率声光调 Q 过程

(a) 泵浦速率;(b) Q 值;(c) 光子数;(d) 反转粒子数

5.4.4　电光调 Q 技术

电光调 Q 技术是利用电光晶体的电光效应来实现调 Q 的。电光调 Q 激光器是在普通固体脉冲激光器的谐振腔内放置电光晶体构成的,如图 5.32 所示。其工作原理是通过控制腔内电光晶体上的外加电压,使入射偏振光的振动方向发生变化,从而人为地在腔内引入可控的等效反射损耗,达到调 Q 的目的。可见,电光调 Q 是一种特殊形式的电光调制。

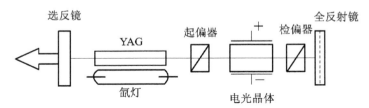

图 5.32　电光调 Q 激光器

电光调 Q 激光器的运转过程如图 5.33 所示。工作物质(如 YAG)在氙灯的激励下产生的受激辐射光通过起偏器后,变成线性偏振光,如果电光晶体上没有外加电压,则偏振光可以无损耗通过电光晶体和检偏器,如果电光晶体上外加半波电压,线偏振光通过电光晶体后偏振面旋转 90°,不能通过检偏器,这相当于谐振腔内的反射损耗很大,激光器的 Q 值很低,阈值很高,受激辐射难以在腔内形成激光振荡,在氙灯光源的不断激励下,工作物质的上能级反转粒子数 $\Delta N(t)$ 不断积累。当反转粒子数达到最大时,瞬时去掉电光晶体上的外加电压,偏振光可以无损耗地通过检偏器。这相当于腔内的反射损耗 $\alpha(t)$ 瞬时下降,Q 值猛增,阈值反转粒子数 ΔN_{th} 很小。由于 Q 开关迅速被打开,在腔内雪崩似地建立起激光振荡,并产生一个激光巨脉冲 $\varphi(t)$。显然,电光调 Q 技术中的一个关键问题是,当电光晶体外加上半波电压时,应确保 Q 开关处于"关闭"状态;另一个关键问题是,精确控制撤掉电光晶体上外加电压的时间。这些都可以通过适当地设计激光器件和控制电路而得以解决。

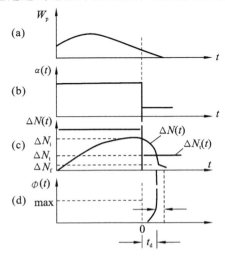

图 5.33　电光调 Q 的运转过程

在实际的电光调 Q 激光器中,经常可以省掉检偏器,让起偏器同时兼作检偏器用,此时电光晶体上外加 1/4 波长电压,以关闭 Q 开关。有的调 Q 激光器甚至把晶体制作成特殊的形式,使其兼有起偏器、电光晶体和检偏器的功能,例如,图 5.34 所示为用 KDP 晶体制作的单块 45°电光器件构成的电光调 Q 激光器结构原理图。

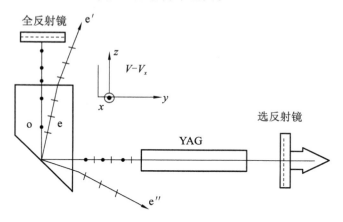

全反射镜

选反射镜

YAG

图 5.34   单块 45°电光调 Q 激光器

上述电光调 Q 激光器有各种各样的结构形式,但它们的共同特点是用全反射镜和部分输出反射镜构成谐振腔,激光器工作时,振荡和输出同时进行,这种激光器通常称为脉冲反射式(PRM)调 Q 激光器。该激光器的激光振荡在 Q 开关打开后才开始建立,由于在腔内往返一次不可能把激光上能级的反转粒子全部耗尽,常需要往返 N 次,即需要经过 $2NL/c$ 的时间才能抽空全部反转粒子,将腔内激光能量全部输出,所以输出的激光脉冲宽度较宽,通常为几微秒,峰值功率为几十兆瓦。

另一类电光调 Q 激光器是将 PRM 调 Q 激光器中的输出反射镜换成全反射镜,通过设置一个特殊的光学系统改变激光输出的路径。当谐振腔内形成最强的激光振荡时,使 Q 值突变,瞬时输出全部激光能量。这种激光器称作脉冲透射式(PTM)调 Q 激光器。由于在 PTM 调 Q 激光器中,只有当腔内的激光功率密度达到最大时,Q 开关才被打开,并耦合出全部能量,因此激光逸出腔外所需的最长时间为 $2L/c$,所以 PTM 调 Q 激光器输出的激光脉冲比 PRM 调 Q 激光器的更窄,通常脉宽可达 $1\sim2$ ns。当然,要得到这样理想的结果,技术关键是在激光脉冲形成的瞬间,准确地打开 Q 开关。

5.5   模式选择技术

5.5.1   概述

激光技术的某些应用领域要求激光束具有很高的光束质量(即方向性或单色性很好),但是一般的激光器难以满足这种要求。进一步提高光束质量的方法是对激光谐振腔的模式进行选择。模式选择技术可分为两大类:一类是横模选择技术,它能从振荡模式中选出基横模 TEM_{00},并抑制其他高阶模振荡,基模衍射损耗最小,能量集中在腔轴附近,使光束发散角得到压缩,从而改善其方向性;另一类是纵模选择技术,它能限制多纵模中的振荡频率数目,选出单纵模振荡,从而改善激光的单色性。

从激光原理可知,所谓横模就是指在谐振腔的横截面内激光光场的分布。图 5.35 所示为几个低阶横模的光场强度分布照片。不难看出,横模阶数越高,光强分布就越复杂且分布范围越大,因而其光束发散角越大。反之,基模(TEM$_{00}$)的光强分布图案呈圆形且分布范围很小。其光束发散角最小,功率密度最大,因此亮度也最高,而且这种模的径向强度分布是均匀的。有许多应用不仅要求高的激光功率,而且还要求小的发散角,故设法选出单横模激光是很有必要的。例如,在精细的激光加工(焊接、打孔、微调等)应用中,要求激光束经聚焦后具有很小的光斑,由应用光学知识可知,其光斑直径 $d = f\theta$,f 为透镜焦距,θ 为光束发散角,因为透镜焦距 f 是有一定限度的,所以为了减小 d 值,应尽量减小光束发散角 θ。又如在激光通信、雷达及测距等应用领域,希望作用距离尽可能大。理论分析表明:作用距离 S 与光束发散角 θ 的平方根成反比,故也希望发散角 θ 越小越好。经过选模之后,输出功率可能有所降低,但由于发散度的改善,其亮度可提高几个数量级,而且聚焦后,可以产生一个衍射极限的光斑。

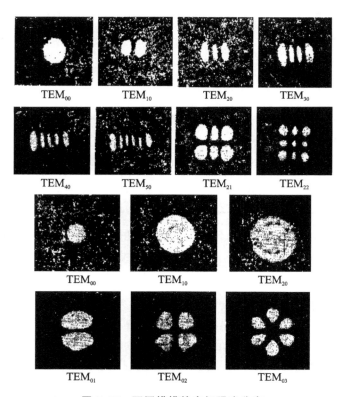

图 5.35　不同横模的光场强度分布

所谓纵模就是指沿谐振腔轴线方向上的激光光场分布。对于一般腔长的激光器,往往同时产生几个甚至几百个纵模振荡;纵模个数取决于激光的增益曲线宽度及相邻两个纵模的频率间隔。例如,腔长 $L = 1$ m,$\Delta\nu = c/2nL = 150$ MHz,则计算得到各类激光器可能产生振荡的纵模数如表 5.2 所示。许多应用(如精密干涉测长、全息照相、高分辨率光谱学等)均要求单色性、相干性极好的激光作为光源,即需要单频激光,而纵模选择技术则是单频激光运转的必要手段。

表 5.2 各类激光器的光谱特征

工作物质	工作荧光谱线条数	主要工作荧光谱线中心波长	荧光谱线宽度	激光振荡频率范围	纵模数($L=1$ m)	备注
红宝石(晶体)	单条(R_1线)	0.6943 μm	0.3~0.5 nm	0.02~0.05 nm	~10^2	300 K
YAG:Nd^{3+}(晶体)	单条	1.06 μm	0.7~1 nm	0.03~0.06 nm	~10^2	300 K
钕玻璃	单条	1.06 μm	20~30 nm	5~13 nm	~10^4	300 K
He-Ne(原子气体)	单条或多条	0.6328 μm 1.153 μm	1~2 GHz	1 GHz	~6	
Ar$^+$(离子气体)	多条	0.4880 μm 0.5145 μm	5~6 GHz	4 GHz	~25	
CO$_2$(分子气体)	多条	10.57 μm[P(18)] 10.59 μm[P(20)] 10.61 μm[P(22)] 10.63 μm[P(24)]	52 MHz			
若丹明 6G(有机染料液体)	单谱带	0.565 μm		5~10 nm	~10^4	
GaAs(PN 结二极管)	单谱带	840 nm	17.5 nm	3 nm	~10	77 K L~0.1 cm

本节分别就这两类模式选择的原理作简要论述,并介绍几种实用的选模方法。

5.5.2 横模选择技术

1. 横模选择原理

由激光原理可知,一台激光器的谐振腔中可能有若干个稳定的振荡模,只要某一模的单程增益大于它本身的单程损耗,即满足激光振荡条件($G \geqslant \delta$),该模式就有可能被激发而起振。设谐振腔两端反射镜的反射率分别为 r_1、r_2,单程损耗为 δ,单程增益系数为 G,激光工作物质长度为 l,则初始光强为 I_0 的某个横模(TEM$_{mn}$)的光在谐振腔内经过一次往返后,由于增益和损耗两种因素的影响,其光强变为

$$I = I_0 r_1 r_2 (1-\delta)^2 \exp(GL) \tag{5-62}$$

阈值条件为

$$I \geqslant I_0$$

由此得出

$$r_1 \cdot r_2 (1-\delta)^2 \exp(GL) \geqslant 1 \tag{5-63}$$

现在考察两个最低阶次的横模 TEM_{00} 和 TEM_{01} 的情况,它们的单程损耗分别用 δ_{00} 和 δ_{10} 表示,并认为激活介质对各横模的增益系数相同,当同时满足下列两个不等式时,激光器即可实现单横模(TEM_{00})运转。

$$\sqrt{r_1 r_2}(1-\delta_{00})\exp(GL) > 1 \tag{5-64}$$

$$\sqrt{r_1 r_2}(1-\delta_{10})\exp(GL) < 1 \tag{5-65}$$

那么如何才能满足上述条件呢? 谐振腔存在两种不同性质的损耗:一种是与横模阶数无关的损耗,如腔镜的透射损耗、腔内元件的吸收、散射损耗等;另一种则是与横模阶数密切相关的衍射损耗,在稳定腔中,基模的衍射损耗最小,随着横模阶数的增高,其衍射损耗也逐渐增大。为了求出一般情况下横模的 δ_{mn} 值,可利用计算机进行数值求解。图 5.36 所示即为用数值求解方法得到的对称圆镜稳定球面腔的两个最低阶横模的单程损耗曲线。由图可见,在菲涅尔数 N 值相同的情况下,对称稳定腔的单程损耗随 $|g|$ 的减小而降低。TEM_{00} 模的损耗 δ_{00} 比它邻近的 TEM_{10} 模的 δ_{10} 要小。因此,只要设法抑制 TEM_{10} 模的振荡,就必然能抑制其他高阶横模振荡。所以谐振腔具有选择性损耗的性能是实现横模选择的物理基础。

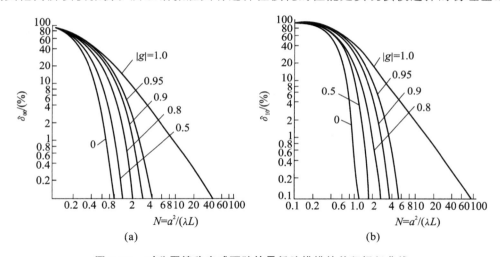

图 5.36　对称圆镜稳定球面腔的最低阶横模的单程损耗曲线

(a) TEM_{00} 模;(b) TEM_{10} 模

考虑到模式间的竞争效应,选择单横模的条件还可以放宽些,即激光器开始可有多个横模满足阈值条件;如果各模式的增益相同,因基模的衍射损耗最小,因而在模式竞争中将占优势。一旦基模首先建立起振荡,就会从激活介质中提取能量,而且由于增益饱和效应,工作物质的增益将随之降低,当满足条件

$$\sqrt{r_1 r_2}(1-\delta_{00})\exp(GL) = 1 \tag{5-66}$$

时,振荡趋于稳定。此时,其他横模将因为不再满足阈值条件而被抑制掉,故激光器仍可以单横模运转。

为了有效地选择横模,还必须考虑两个问题,其一,横模选择除了考虑各横模衍射损耗的绝对值大小之外,还应考虑横模的鉴别能力,即基模与较高阶横模的衍射损耗的差别必须足够大（即 δ_{10}/δ_{00} 值大），才能有效地把两个模区分开来，易于实现选模，否则，选模就比较困难。横模衍射损耗的差别不仅与不同类型的谐振腔结构有关，而且还与腔的菲涅尔数 N 有关。图 5.37 所示为各种 g 因子对称腔的 δ_{10}/δ_{00} 值与菲涅尔数 N 的关系。图 5.38 表示出了平—凹腔的 δ_{10}/δ_{00} 值与 N 的关系。

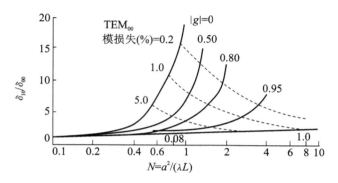

图 5.37 各种对称腔的 δ_{10}/δ_{00} 值与菲涅尔数 N 的关系

图 5.37 中的虚线表示 TEM_{00} 模各种损耗值的等损耗线，对不同的 N 和 g，损耗值相等的谐振腔都相应于同一条虚线。从图 5.37 和图 5.38 可以看出：共焦腔的 δ_{10}/δ_{00} 最大，而平行平面腔则最小。然而，当 N 值不太小时，共焦腔的各横模的衍射损耗一般都很低，与腔内其他非选择性损耗相比也是较小的，因而就无法实现选模。另外，共焦腔的基模体积很小，其结果是单模输出功率较低。与此相反，尽管平面腔的 δ_{10}/δ_{00} 值较低，但由于各模的衍射损耗的绝对值较大，只要选择较大的 N 值，就可以选出基模。而且它的基模体积较大，一旦形成单模振荡，输出功率就比较高。总之，要有效地进行选模，就必须考虑选择合适的腔型结构和合适的菲涅尔数 N 值（在下面选模的方法中再进行分析）。

其二，衍射损耗在模的总损耗中必须占有重要地位，达到能与其他非选择性损耗相比拟的程度，为此，必须尽量减小腔内各元件的吸收、散射等损耗，从而相对增大衍射损耗在总损耗中的比例。另外，通过减小腔的菲涅尔数 N 也可以达到这一目的。

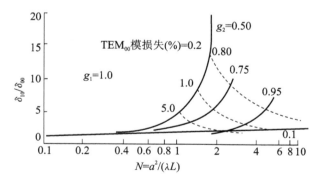

图 5.38 平—凹腔的 δ_{10}/δ_{00} 值与菲涅尔数 N 的关系

2. 横模选择的方法

横模选择的方法可分为两类：一类是只改变谐振腔的结构和参数以获得各模衍射损耗

的较大差别,提高谐振腔的选模性能;另一类是在一定的谐振腔内插入附加的选模元件来提高选模性能。气体激光器大都采用前一类方法,常在设计谐振腔时,适当选择腔的类型和腔参数 g、N 值,以实现基模输出。固体激光器则要采用后一类方法,这是因为固体工作物质口径较大,为减小菲涅尔数 N,则必须在腔内插入选模元件。

1) 谐振腔参数 g、N 的选择法

图 5.37 所示为对称共焦腔的 δ_{10}/δ_{00} 与菲涅尔数 N 的关系。由图可见,当 N 一定, $|g|$ 参数小,δ_{10}/δ_{00} 大,但 δ_{00} 和 δ_{10} 的值也小,这样要选出基模并抑制高阶模,只有靠减小菲涅尔数 N 来提高模损耗值,因此从选择基模的角度来说,希望选择小的 g 和 N 值。但是 N 值太小时,模体积很小,输出功率也就很低。所以为了既能获得基模振荡,又能有较强的输出功率,则应在保证基模运转的前提下,适当增加 N 值,直到同时满足式(5-64)和式(5-65)为止。对常用的大曲率半径的双凹球面稳定腔来说,选择菲涅尔数 N 在 $0.5 \sim 2.0$ 之间比较合适。

那么应该如何选择参数 g、N,以利于横模选择呢?从激光原理得知,在谐振腔稳定区域图中,稳定区和非稳定区之间的分界线由 $g_1 g_2 = 1$ 或 $g_1 = 0$,$g_2 = 0$ 确定,适当地选择谐振腔参数 R_1、R_2、L,使它们运转于稳定区边缘,即运转于临界工作状态,则有利于选模。因为各阶横模中,最低阶模(TEM$_{00}$模)的衍射损耗最小,当改变谐振腔的参数使它的工作点由稳定区向非稳定区过渡时,各阶模的衍射损耗都会迅速增加,但基模的衍射损耗增加得最慢,因此,当谐振腔工作点移到某个位置时,所有高阶模就可能受到高的衍射损耗而被抑制,最后只留下基模运转。

以 TEM$_{00}$ 模和 TEM$_{01}$ 模为例,图 5.39 所示为在不同的菲涅尔数 N 值时,这两个模的单程衍射损耗差与 $|g|$ 的变化关系。在这里,临界区 $|g|$($|g| \leqslant 1$)的变化包含两种情况:一种是 g 从接近于 -1 的值趋近于 -1,这相应于共心腔的情况;另一种是 g 趋于 1,这相应于平面腔的情况。由图可见,随着 $|g|$ 值趋于 TEM$_{01}$ 模的单程衍射损耗增加的速率比 TEM$_{00}$ 模要快得多。

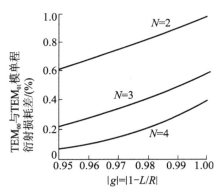

图 5.39　在不同的菲涅尔数 N 值时,模单程衍射损耗差与 $|g|$ 的关系

实际应用中,常常采用一个腔镜为平面镜,另一腔镜为球面镜的稳定腔,通过使反射镜间距 L 逐渐趋于 R 来选模,这类谐振腔的模衍射损耗差与 L 的关系,也可以由图 5.39 得出。有时也采用两个反射镜的曲率半径尽量大,亦即选用 $g \to 1$($g \leqslant 1$)的临界区的方法,例如,一

个长为 1 m、内径为 2～3 mm 的 He-Ne 激光器，腔镜之一选为平面镜，另一个为凹面 $R=5$ m 的球面镜，输出耦合为 $1.5\%～2\%$，一般也可以获得 TEM_{00} 模输出。但这种方法不如上述趋近半球腔的稳定。由图 5.40 可知，在接近半球腔中，反射镜 M_1 的曲率中心 0 在平面镜 M_2 附近，反射镜的微小失调使通光孔径（如图 5.40 中的虚线所示）有所减小，将会使腔内光束损耗大大增加，引起输出功率下降，甚至发生不振荡的现象。

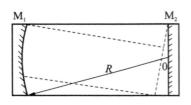

图 5.40　失调对半球腔的影响

另外，采用不同的腔型和参数 g、N，也可以选出基模，然而基模的输出功率（或能量）却会因腔型的不同和 g、N 参数的不同而不同，因为基模模体积是随着腔型和 g、N 参数的变化而变化的，故为了获得大的功率输出，在设计谐振腔时，还应考虑基模模体积的问题。由谐振腔理论分析可知，一般稳定球面腔的 TEM_{00} 模的有效光束半径 $w(z)$ 沿腔轴 z 方向是以双曲线规律传输的，如图 5.41 所示。其中 w_0 为腔内最小有效光束半径（称为束腰），Δ 为束腰位置与原点之间的距离。若只考虑对称腔的情况，其表示式为

$$\omega_0 = (\lambda/2\pi)^{\frac{1}{2}}[L(2R-L)]^{\frac{1}{4}} \tag{5-67}$$

由式（5-67）可以得出如下性质。

（1）当增大腔镜的曲率半径 R 时，最低阶模的光束半径 w_0 也随之增大，从而基模模体积也随之增大。

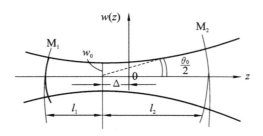

图 5.41　稳定球面腔的 TEM_{00} 模的有效光束半径

（2）当曲率半径 R 一定时，w_0 随腔长 L 变化存在一极大值。将式（5-67）对 L 微分并令其为零，可得出极大值条件为 $L=R$。

由（1）可看出，当其他条件相同时，为增大基模模体积，应尽可能选择较大的曲率半径 R，这种腔在极限情况下就变成平行平面腔。由（2）可看出，在腔镜 R 已确定的情况下，为获得尽可能大的基模模体积，应适当增加腔长 L。但这对于平面腔和大曲率半径球面腔是适合的，而对于小曲率半径的球面腔就不适合了。

例如，有一腔长 L 为 1 m 的 He-Ne 激光器，其输出镜透过率 $T=1.5\%$，为获得基模输出，可以选择不同的 g、N 参数。表 5.3 列出了有关的参数，其中增益 G 是按经验公式 $G=$

$1.25 \times 10^{-4} \times L/a$ 算出的(L 为腔长,a 为放电毛细管半径),共有五组不同 g、N 参数的谐振腔。

表 5.3　选基模的有关参数表

参数 \ 腔号	1	2	3	4	5
N	0.6	0.9	0.9	1.6	5.1
a/mm	0.6	0.74	0.74	1.0	1.8
$G/(\%)$	21	16	16	12	6.6
$\delta_{10}/(\%)$	25	3	14.5	10.5	5.1
g	0	0	0.5	0.9	0.99
R/m	1	1	2	10	100
w_0/mm	0.33	—	0.43	0.70	1.20
$\delta_{00}/(\%)$	3	0.2	2	3	2
δ_{10}/δ_{00}	8	15	7.3	3.5	2.6
模式	TEM$_{00}$	多模	TEM$_{00}$	TEM$_{00}$	TEM$_{00}$
腔型	共焦腔	共焦腔	一般稳定腔	一般稳定腔	平行平面腔①

① 确切地说,该腔仍属于一般稳定腔,但已十分接近平行平面腔了。

腔 1 的 $g=0$,这是一个共焦腔,为获得基模输出,应满足 $G \leqslant \delta_{01}+T$(忽略了其他损耗),为此,可以选择毛细管半径 $a=0.6$ mm,由上式算得 $G=21\%$。根据 g、N 参数可以查得 δ_{10} 为 25%,因而满足条件 $G \leqslant \delta_{10}+T$,故可以获得基模输出。按式(5-67)算得 $w_0=0.33$ mm,显然该基模模体积比较小。

若为了增大基模的模体积,就将毛细管的半径增大为 $a=0.74$ mm(如腔 2),由于菲涅尔数 N 增大,因而 δ_{10} 下降(只有 3%),不能满足上述条件,因而出现多模振荡输出。

为了抑制高阶模,腔 3 至腔 5 在腔 1 的基础上增大 N 值的同时,再适当增大 g 参数值,也可以保证为基模振荡,而且基模模体积也有所增加。对 He-Ne 激光器来说,为增大菲涅尔数而加大毛细管直径,会使小信号增益系数下降。另外,g 参数增大,δ_{10}/δ_{00} 下降了,稳定性就要差一些,调整也有些困难。

通过上述讨论得知,改变谐振腔参数 g、N 可以控制激光振荡模式和模体积。以上均是在腔长 L 为定值时的情况。实际上有时也利用增加腔长 L 以减小菲涅尔数 N,即以加大模损耗差来提高选模性能,这主要用于固体激光器和外腔式的气体激光器中。

2) 小孔光阑法选模

采用小孔光阑作用作为选模元件插入腔内是固体激光器中常用的选模方法,如图 5.42 所示。对于共心腔 $R_1+R_2=L$,这种方法尤其有效。由于高阶横模的束腰比基模的大,如果光阑的孔径选择适当,就可以将高阶横模的光束遮住一部分,而基模则可顺利通过。再由衍射理论可知,腔内插入小孔光阑相当于减小腔镜的横截面积,即减少了腔的菲涅尔数 N,因而各阶模衍射损耗加大。只要小孔光阑的孔径选择适当，TEM_{00} 模和 TEM_{10} 模满足式 (5-64) 和式 (5-65) 便可选出基模。

图 5.42 小孔光阑选模

图 5.43 所示为共心腔两低阶模衍射损耗与光阑孔径的关系。曲线上标明的 N 是反射镜半径对应的菲涅尔数。由图可知，当小孔光阑孔径 r 很小时，两种模式的损耗都很大，两者区别也很小，随着 r 增加，两模式的 δ_{10}/δ_{00} 值增加，当 $\dfrac{ra}{\lambda L}=0.3$ 时达到最大，这时 TEM_{10} 模损耗约 20%，而基模仅损耗 1%。这时光阑孔径为最佳值。若光阑孔径再增大，两模式损耗都减少，比值也下降，当 $\dfrac{ra}{\lambda L}>0.5$ 时，模式损耗与不加光阑时基本相同。

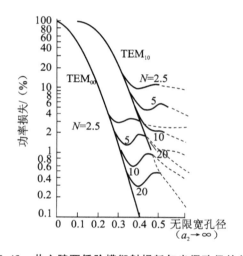

图 5.43 共心腔两低阶模衍射损耗与光阑孔径的关系

图 5.44 所示为在同一个谐振腔中两个最低阶模衍射损耗比值 $(\delta_{10}/\delta_{00})$ 与菲涅尔数 N（也就是光阑孔径）的关系。由图可以看出，以固定的 N 值，δ_{10}/δ_{00} 值对某一个光阑孔径有一个极大值，利用此孔径选模最为有利。对于 $N=2.5\sim20$ 的共心腔，光阑孔径 $\dfrac{ra}{\lambda L}$ 应取 0.28～0.36 为合适。

在实际工作中，往往是根据上述理论，先选择一个小孔半径，再通过实验确定小孔光阑的尺寸，或用可变光阑根据具体要求选择合适的小孔。小孔光阑选模虽然结构简单，调整方便，但受小孔限制，腔内基模模体积小，工作物质的体积得不到充分利用，输出的激光功率比较小。

3）腔内插入透镜选横模

这种方法是在谐振腔内插入透镜或透镜组配合小孔光阑进行选模，光阑放在透镜的焦点上，这样，光束在腔内传播时可经历较大的空间。图 5.45 所示为聚焦光阑法选模示意图。

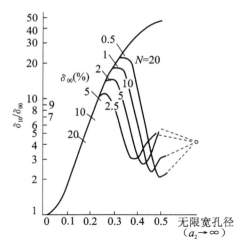

图 5.44　共心腔 δ_{10}/δ_{00} 与光阑孔径的关系

以平行平面镜为例,由于透镜的聚焦作用,光束在通过激光工作物质时是平面波,因此模体积占据了整个激活介质体积。光束通过小孔光阑时,光束边缘部分的高阶模因受光阑阻挡受到损耗而被抑制掉,所以这种聚焦光阑装置既保持了小孔光阑的选模特性,又扩大了基模模体积,可增大激光输出的功率。光阑孔径的大小与透镜的焦距 f 有关。焦距短,小孔的直径要小;焦距长,则小孔的直径也要大。

　　这种方法虽然扩大了基模模体积,但附加了两个透镜而增加了腔的插入损耗,并给调整带来困难。为了简化系统并减少损耗,可用一个凹面反射镜取代右边的透镜和平面反射镜,如图 5.46 所示。但要求凹面反射镜的曲率中心与透镜的焦点重合。

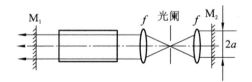

图 5.45　聚焦光阑法选模示意图

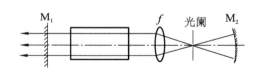

图 5.46　单透镜聚焦选模示意图

　　在腔内插入透镜和光阑法选模的基础上又发展了一种腔内加望远镜的方法,其结构如图 5.47 所示。腔内插入一组由凹、凸透镜构成的望远镜,光阑放在凹透镜的左边。可以看出,由于避免了实焦点,对光阑材料的要求便有所降低。由于望远镜的扩束作用,光束通过激光工作物质时模体积可以扩大 M^2 倍(M 为望远镜的角放大率),由于望远镜目镜的焦距很

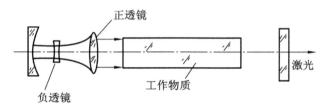

图 5.47　望远镜选模示意图

短,故对光束有很强的聚焦(或发散)作用,致使各阶模的发散角扩大 M 倍,而基模的发散角最小,若选光阑的孔径与基模光斑相比拟时,则高阶模就会受到光阑的阻挡而损耗掉,只有基模能够保留下来。凹透镜的位置可以相对于凸透镜进行调节,当选择合适的离焦量时,可以补偿激光棒的热透镜效应,而获得热稳输出的基模激光。

此外,还有一种称为"猫眼谐振腔"的选模方法,实际上也是光阑法选模的一种形式,其结构如图 5.48 所示。其中 M_1、M_2 都是平面反射镜,腔内放置一个透镜,其焦距为 f,腔长为 $2f$,这种腔结构在几何光路上等价于一个共焦腔。实验表明,当 M_2 处的光阑闭合时,模体积能充满整个激光工作物质,在这种情况下,模的选择性基本上接近于共焦腔的。这样不仅减小了发散角而且还增加了输出功率。

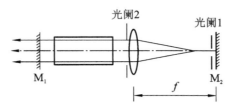

图 5.48 猫眼谐振腔选模示意图

5.5.3 纵模选择技术

1. 纵模选择原理

激光器的振荡频率范围是由工作物质的增益曲线的频率宽度决定的,而产生多纵模振荡是由增益线宽和两相邻纵模的频率间隔决定的,即在增益线宽内,只要有几个纵模同时达到振荡阈值,一般都可形成多纵模振荡。如以 $\Delta\nu_0$ 表示增益曲线高于阈值部分的宽度,纵模的频率间隔为 $\Delta\nu_q$,则可能同时振荡的纵模数为

$$n = \frac{\Delta\nu_0}{\Delta\nu_q}$$

对于一般稳定腔来讲,由衍射理论可知,不同的横模(TEM_{mn})具有不同的谐振频率数,故参与振荡的横模数越多,总的振荡频谱结构就越复杂;当腔内存在单横模(TEM_{00})振荡时,其振荡频谱结构最简单,为一系列分立的振荡频率,其间隔为 $\Delta\nu = c/2nL$。

为了实现单纵模选择,首先必须减少工作物质可能产生激光的荧光谱线的数目,使之只保留一条荧光谱线,所以必须用频率粗选法抑制不需要的谱线;其次用横模选择方法选出 TEM_{00} 模,最后在此基础上进行纵模选择。

纵模选择的基本思想是:激光器中某一个纵模能否起振和维持振荡主要取决于这一个纵模的增益与损耗值的相对大小,因此,控制这两个参数之一,使谐振腔中可能存在的纵模中只有一个满足振荡的条件,那么激光器就可以实现单纵模运转,对于同一个横模的不同纵模而言,其损耗是相同的。但是不同纵模间却存在着增益差异,因此,利用不同纵模之间的增益差异,在腔内引入一定的选择性损耗(如插入标准具),使欲选的纵模损耗最小,而其余纵模的附加损耗较大,即增大各纵模净增益差异,只有中心频率附近的少数增益大的纵模建立起振荡。这样,在激光形成的过程中,通过多纵模间的模式竞争机制,最终形成并得到放大的是增益最大的中心频率所对应的单纵模。

2. 纵模选择的方法

1）色散腔粗选频率

如果激光工作物质能够发射多条不同波长的激光谱线，如 He-Ne 激光器，可发射 632.8 nm、1.15 μm 和 3.39 μm 三条谱线，那么，在纵模选择之前，必须将频率进行粗选，将不需要的谱线抑制掉。通常是在腔内插入棱镜或光栅等色散元件，将工作物质发出的不同波长的光束在空间分离，然后设法只使较窄波长区域内的光束在腔内形成振荡，其他波长的光束因不具反馈能力而被抑制掉。

图 5.49 所示为腔内插入色散棱镜的粗选装置。在这种情况下，谐振腔所能选择振荡的最小波长范围由棱镜的角色散和腔内振荡光束的发散角决定。设光线进入棱镜的入射角 α_1 与光线离开棱镜的出射角 α_2 相等，即 $\alpha_1 = \alpha_2 = \alpha_0$。

根据物理光学的知识，有

$$n = \sin\alpha / \sin\frac{\beta}{2} = \sin\left(\frac{\phi+\beta}{2}\right) \Big/ \sin\frac{\beta}{2} \tag{5-68}$$

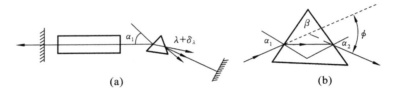

图 5.49 腔内插入色散棱镜的粗选装置

式中：n 为折射率；β 为棱角镜的顶角，即折射角；ϕ 为偏向角。定义棱镜的角色散率为 $D_\lambda = \dfrac{\mathrm{d}\phi}{\mathrm{d}\lambda}$，即波长每变化 0.1 nm 时偏向角中的变化量，将式(5-68)求导后代入，得

$$D_\lambda = \frac{\mathrm{d}\phi}{\mathrm{d}n}\frac{\mathrm{d}n}{\mathrm{d}\lambda} = \frac{2\sin\dfrac{\beta}{2}}{\sqrt{1-n^2\sin^2\dfrac{\beta}{2}}}\frac{\mathrm{d}n}{\mathrm{d}\lambda} \tag{5-69}$$

式中：$\mathrm{d}n/\mathrm{d}\lambda$ 表示不同材料的折射率对波长变化的导数。设腔内光束所允许的发散角为 θ，则由于色散棱镜的分光作用，腔内激光波长所能允许的最小波长分离范围为

$$\Delta\lambda = \frac{\theta}{D_\lambda} = \frac{\sqrt{1-n^2\sin^2\dfrac{\beta}{2}}}{2\left(\sin\dfrac{\beta}{2}\right)\dfrac{\mathrm{d}n}{\mathrm{d}\lambda}} \cdot \theta \tag{5-70}$$

对于用玻璃材料制成的棱镜和可见光波段来说，在 $\theta \approx 1$ mrad 时，能达到的 $\Delta\lambda \approx 1$ nm。这种棱镜色散法对一些激光器进行选择振荡是十分有效的，例如，氩离子激光器两条强工作谱线 488 nm 和 514.5 nm 就可采用此装置进行选择振荡。

另一种色散腔用一个反射光栅代替谐振腔的一个反射镜，如图 5.50 所示。

设 d 为光栅栅距（光栅常数），α_1 为光线在光栅上的入射角，α_2 为光线在光栅上的反射角，则形成光栅衍射主极大值的条件是

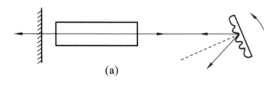

(a)

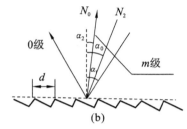

(b)

图 5.50 光栅色散腔

$$d(\sin\alpha_1+\sin\alpha_2)=m\lambda \tag{5-71}$$

式中：$m=0,1,2,\cdots$，为主干涉极大值（即干涉谱线）的级数。由式(5-71)可知，当入射角相同时，不同波长的零级谱级($m=0$)相互重合而没有散分光作用。对其他各级谱线而言，光栅的角色散率可由下式求出：

$$D=\frac{\mathrm{d}\alpha_2}{\mathrm{d}\lambda}=\frac{m}{d\cos\alpha_2}=\frac{\sin\alpha_1+\sin\alpha_2}{\lambda\cos\alpha_2} \tag{5-72}$$

通常光栅工作在自准直状态下，即 $\alpha_1=\alpha_2=\alpha_0$，$\alpha_0$ 为光栅的闪耀角，即光栅平面的法线 N_0 与每条缝的平面的法线 N_2 之间的夹角，则光栅的角色散率为

$$D_0=\frac{2\tan\alpha_0}{\lambda} \tag{5-73}$$

设腔内允许的光束发散角为 θ，则因光栅色散所能允许的最小分离波长范围为

$$\Delta\lambda=\frac{\theta}{D_0}=\frac{\lambda}{2\tan\alpha_0}\theta \tag{5-74}$$

对可见光谱区来说，设 $\alpha_0=30°$，$\theta=1\ \mathrm{mrad}$，则 $\Delta\lambda$ 不到 1 nm 量级。由此可见，其色散选择能力比棱镜更高。由于光栅法不存在光束的透过损耗，因此可适用于较宽广的光谱区域内的激光器。而且，光栅色散腔在适当转动光栅的角度位置时，还可以改变所需要的振荡光谱区。色散腔法虽然能从较宽范围的谱线中选出较窄的振荡谱线，实现单条荧光谱线的振荡，但这还只是较粗略的选择，在该条谱线的荧光线宽范围内，还存在着频率间隔为 $\Delta\nu=\frac{c}{2nL}$ 的一系列分立的振荡频率，即多个纵模。如何进一步从单条谱线中选出单一的纵模，就要采取如下的一些方法。

2）短腔法选纵模

激光振荡的可能纵模数主要由工作物质的增益线宽 $\Delta\nu_0$ 和谐振腔的纵模间隔 $\Delta\nu_q$ 决定。而纵模间隔 $\Delta\nu=\frac{c}{2nL}$ 与腔长成反比，因此选择单纵模的方法之一是缩短谐振腔的长度 L，以增大 $\Delta\nu_q$，使得在 $\Delta\nu_0$ 范围内只存在一个纵模，而其余的纵模都位于 $\Delta\nu_0$ 之外，如图 5.51 所示，这即为短腔法选纵模。此方法简单、实用，特别适用于小功率气体激光器（如 He-Ne 激光器），当

腔长 $L=1$ m 时，其纵模间隔 $\Delta\nu_q=\dfrac{c}{2nL}=150$ MHz，设 $n=1$，在增益线宽 $\Delta\nu_0=1500$ MHz 范围内可能有 10 个纵模振荡；当腔长 L 缩短到 10 cm 时，$\Delta\nu_q=1500$ MHz，此时就只可能有一个纵模振荡。实际上有些激光器不可能采用这种方法，如 Ar^+ 激光器，它的增益线宽 $\Delta\nu_0=5500$ MHz，若要单纵模振荡，就要求腔长在 3 cm 以下；又如 YAG 等固体激光器，增益线宽 $\Delta\nu_0=20\times10^4$ MHz，若要求单纵模振荡，就要求腔长 L 为 0.4 mm。这样短的腔显然是不实际的。故短腔法只适用于增益线宽较窄的激光器，同时，由于腔长缩短，激光输出功率必然受到限制，因此在需要大功率单纵模输出的场合，此方法也是不适用的。

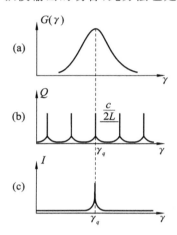

图 5.51　短腔法选模原理

3）法布里-珀罗标准具法

图 5.52 所示为标准具选纵模装置示意图。法布里-珀罗（F-P）标准具对不同波长的光束具有不同的透过率，可以用下式表示：

$$T(\lambda)=\frac{1}{1+F\sin^2\left(\dfrac{\phi}{2}\right)}=\frac{1}{1+F\sin^2\left(\dfrac{2\pi d}{\lambda}\right)} \tag{5-75}$$

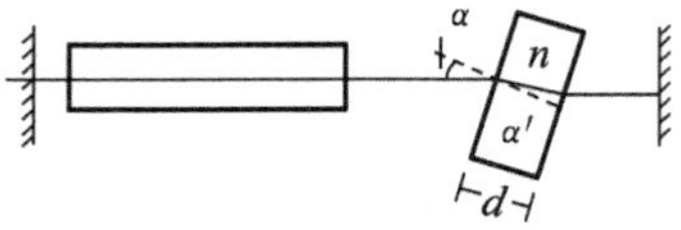

图 5.52　标准具法选纵模装置示意图

式中：$F=\dfrac{\pi\sqrt{R}}{1-R}$ 为标准具的精细度；R 为标准具对光反射率；d 为标准具的厚度（即两平行面的间隔）；ϕ 是标准具中参与多光束干涉效应的相邻两出射光线的相位差，即 $\phi=\dfrac{2\pi}{\lambda}2nd\cos\alpha$，其中，$n$ 为标准具介质的折射率，α 为光束进入标准具后的折射角，一般很小，$\cos\alpha\approx1$。$T(\lambda)$ 是波长或 Φ 及 R 的函数，图 5.53 所示为当 R 取不同值时，$T(\nu)$ 与 ϕ 的变化曲线。由图可以看出，标准具的反射率 R 较大，透射曲线越窄，选择性就越好。相邻两透过率极大值的间隔为

$$\Delta\nu_m = \frac{c}{2nd}\cos\theta \approx \frac{c}{2nd}$$

上式通常称为标准具的自由光谱区。可见,标准具的厚度 d 比谐振腔的长度 L 小得多,因此它的自由光谱区比谐振腔的纵模间隔大得多。这样,在激光器的谐振腔内插入标准具,并选择适当的厚度和反射率,使 $\Delta\nu_m$ 与激光工作物质的增益线宽相当,如图 5.54 所示。由图可见,处于中心频率的纵模与标准具最大透过率处的 ν_m 相一致,故该模损耗最小,即 Q 值最大,可以起振,而其余的纵模则由于附加损耗太大、Q 值过低而不能形成激光振荡。调节标准具的倾斜角以改变 α,即可使 ν_m 与不同纵模的频率重合,就可以获得不同频率的单纵模激光输出。

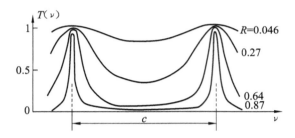

图 5.53　F-P 标准具的透过率随 R 变化而变化的曲线

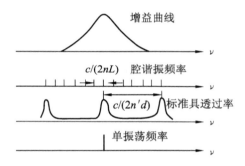

图 5.54　F-P 标准具选单纵模

F-P 标准具选纵模的优点在于标准具平行平面板间的厚度可以做得很薄,因而对增益线宽很宽的激光工作物质,如 Ar^+、YAG、红宝石等激光器均能获得单纵模振荡,且由于腔长没有缩短,输出功率仍可很大。

气体激光器的荧光线宽一般比较窄,用标准具法选纵模时,只要一个标准具就可以实现;但是对于固体激光器,由于荧光线宽很宽,只用一个标准具往往难以实现,原因是 F(精细度系数,$F = \frac{4R}{(1-R)^2}$)受工艺因素的限制不可能有很大的数值;当激光器纵模密度较大时,标准具的自由光谱区太大,它的带宽也就比较宽,因而就难以保证单纵模振荡。因此,为了使 $\Delta\nu_t$ 小($\Delta\nu_t$ 为标准具的带宽),自由光谱区 $\Delta\nu_{tm}$ 不得不选小些,此时,$\Delta\nu_{tm} < \Delta\nu_0$,所以不得不再用第二个标准具才能获得单纵模,如图 5.55 所示。下面举例说明。

设工作物质为 Nd:YAG 的固体激光器,其荧光线宽 $\Delta\nu_0$ 为 2×10^{11} Hz,谐振腔长 $L = 850$ mm,由此可算得纵模间隔 $\Delta\nu_q = c/2nL = 1.7 \times 10^8$ Hz(设 $n=1$)。为选出单纵模,要求标准具有足够窄的带宽。令 $\Delta\nu_t = 2\Delta\nu_q$,即 $\Delta\nu_t = 3.14 \times 10^8$ Hz,设标准具的表面平整度为

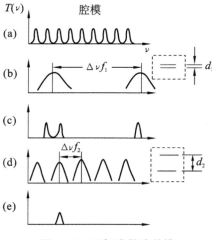

图 5.55　双标准具选单模

$\lambda/100$，反射率 $R=94\%$，则 $F_p=m/2=100/2=50$，$F_r=\pi\sqrt{R}/(1-R)\approx50$，由公式 $\dfrac{1}{F^2}=\dfrac{1}{F_r^2}+$

$\dfrac{1}{F_p^2}$（F_r 是由标准具决定的精细度，F_p 是由标准具的平整度决定的精细度）可算出 $F=35$，此标准具的自由光谱区 $\Delta\nu_m=F\cdot\Delta\nu_t=35\times3.14\times10^8\ \mathrm{Hz}\approx1.2\times10^{10}\ \mathrm{Hz}$，由此可求出标准具的厚度（设 $n=1.5$）为

$$d=c/(2n\Delta\nu_m)=3\times10^{11}/(2\times1.5\times1.2\times10^{10})\ \mathrm{mm}=0.83\ \mathrm{mm}$$

选择第二个标准具时，应有 $\Delta\nu_{t_2}\leqslant2\Delta\nu_m$，取

$$\Delta\nu_{t_2}=2\Delta\nu_m=2.4\times10^{10}\ \mathrm{Hz}$$

令 $\Delta\nu_{m_2}=\Delta\nu_q$，则 $F_2=\Delta\nu_{m_2}/\Delta\nu_{t_2}=\Delta\nu_q/\Delta\nu_{t_2}=10$，能满足选单纵模条件。求出第二个标准具的表面平整度为 $\lambda/30$，$R_2=75\%$，则标准具厚度 $d_2=c/(2n\Delta\nu_m)=0.41\ \mathrm{mm}$。

由上面的实例分析，得到如下结果。

（1）第一个标准具作为精选用，其参数为

厚度 $d=0.83\ \mathrm{mm}$（可选 $1\ \mathrm{mm}$），平整度为 $\lambda/100$，$R=94\%$。

（2）第二个标准具作为粗选用，其参数为

厚度 $d_2=0.41\ \mathrm{mm}$（可选 $0.5\ \mathrm{mm}$），平整度为 $\lambda/30$，$R_2=75\%$。

以上的计算都是在一定假设条件下进行的，实际上还必须通过实验，对一些参数进行修改，才能符合实际的要求。

5.6　稳频技术

5.6.1　概述

1. 稳频概述

激光器通过选模得到单模振荡后，由于内部或外部条件的变化，谐振频率仍然会在整个增益曲线范围内波动,从而使输出频率发生变化,这种现象称作频率漂移。显然,频率漂移对于激光在精密干涉计量、激光陀螺、光频标和光通信等领域内的应用是非常不利的。稳频技术的目的就是设法控制影响频率漂移的各种因素,使其对频率的干扰减小到最低程度,从而提高激光频率的稳定性。

描述激光器频率稳定性的特性有两个参量,即频率稳定度和再现度。稳定度是指激光器在连续工作期间,频率的改变是 $\Delta \nu_1$ 与振荡频率之比,即 $\Delta \nu_1 / \nu_0$。根据对稳定度考察时间的长短,分为长期稳定度和短期稳定度。前者是指在 1 min 以上时间内的稳定性;后者是指在 1 min 以内时间的稳定性。再现度是指在同样使用条件下使用时,相互间的频率偏差 $\Delta \nu_2$ 与振荡频率之比,即 $\Delta \nu_2 / \nu_0$。

根据实际需要的不同,对稳定度和再现度的要求不同,目前稳定度较高的可达 $10^{-11} \sim 10^{-13}$。再现度不容易达到稳定度那样高,一般在 10^{-7} 左右,最高可达 $10^{-10} \sim 10^{-11}$。对于精密激光设备,再现度是一个相当重要的指标。

2. 影响频率稳定的因素

由激光的相关原理可知,激光器的工作频率为

$$\nu_q = q \frac{C}{2nL}$$

相应的频率变化可表示为

$$\frac{\Delta \nu_q}{\nu} = -\left(\frac{\Delta L}{L} + \frac{\Delta n}{n} \right) \tag{5-76}$$

由此可见,各种能使腔长和折射率发生变化的因素,都将导致工作频率的不稳定。式中的负号表示 $\Delta \nu_q$ 的变化趋势与 L 和 n 的变化趋势相反。

影响腔长变化的因素很多,如温度的变化、机械振动、声波及重力的影响等。因此,应选用热膨胀系数 α 小的材料(如石英的 $\alpha = 5 \times 15^{-7}/℃$,殷钢的 $\alpha = 2 \times 10^{-6}/℃$)做谐振腔支架;采取减震措施,并控制环境温度、保持恒温条件等。影响折射率的变化是大气条件(气压、温度和湿度)的变化,因为外腔式或半外腔式激光器中,有一部分腔体处在大气中。折射率的变化 Δn 与大气温度、气压和湿度变化的关系可表示为

$$\Delta n = \frac{\partial n}{\partial T} \Delta T + \frac{\partial n}{\partial T} \Delta p + \frac{\partial n}{\partial T} \Delta h \tag{5-77}$$

式中:$\frac{\partial n}{\partial T}$ 是折射率的温度系数,表示在气压和湿度不变的情况下,温度每变化 1 ℃ 所引起的折射率的变化量;$\frac{\partial n}{\partial p}$ 和 $\frac{\partial n}{\partial h}$ 有类似的意义。对于大气来说,在 $T = 20 ℃$、$P = 1$ atm 和 $h = 1133$ Pa 时,$\frac{\partial n}{\partial T} = -9.3 \times 10^{-7}/℃$,$\frac{\partial n}{\partial p} = 2.7 \times 10^{-9}/Pa$,$\frac{\partial n}{\partial h} = -4.28 \times 10^{-10}/Pa$。由于腔长和折射率的变化会极大影响频率的稳定性,如不采取特殊的措施,激光器的输出频率很难达到很高的稳定度。

5.6.2 兰姆凹陷稳频

1. 兰姆凹陷

在激光的相关原理中曾介绍过非均匀加宽线型增益曲线的"烧孔"效应,并指出在多普

勒效应产生的非均匀加宽线型中,一个振荡频率在其增益曲线上能烧两个"孔"(对称于中心频率 ν_0),出现在振荡频率 ν 上的称为"原孔",在增益曲线对称位置上的称为"像孔",如图 5.56(a)所示。两孔的面积与激活介质中参与受激辐射的有贡献的反转粒子数成正比。面积越大,意味着参与受激辐射的粒子数越多,则激光器输出的功率(光强)就越强。如果有一单模激光器,通过改变谐振腔的长度,使其振荡频率发生变化,由于不同的振荡频率上的小信号增益是不同的,因此,增益曲线上的"烧孔"深度也不相同。当连续改变激光振荡频率时,远离谱线中心的烧孔面积小,输出的功率也小;振荡频率向中心频率靠近,则烧孔面积增大,深度增加,同时两"孔"间隔缩小。当振荡频率位于谱线的中心频率处时,两个"孔"就合二为一,其孔的面积小于偏离谱线中心较近的两孔面积之和,表明有贡献的粒子数减少,故输出功率达极小值。曲线在 ν_0 处出现一凹陷,如图 5.56(b)所示,即为兰姆凹陷。

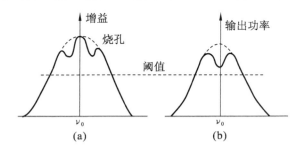

图 5.56 兰姆凹陷稳频

(a) 增益曲线的烧孔效应;(b) 兰姆凹陷

2. 兰姆凹陷稳频原理

兰姆凹陷稳频法是以增益曲线中心频率 ν_0 作为参考标准频率,通过电子伺服系统驱动压电陶瓷环来控制激光器腔长的,它可使频率稳定于 ν_0 处,其稳频装置如图 5.57 所示。激光管是采用热膨胀系数很小的石英做成外腔式结构,谐振腔的两个反射镜安置在殷钢架上,其中一个贴在压电陶瓷环上,陶瓷环的长度为几厘米,环的内外表面接有两个电极,加有频率为 f 的调制电压。当外表面为正电压,内表面为负电压时陶瓷环伸长,反之则缩短。改变陶瓷环

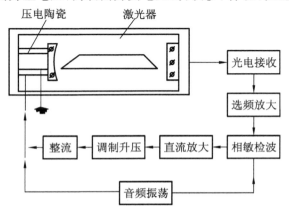

图 5.57 兰姆凹陷稳频装置示意图

上的电压即可调整谐振腔的长度,以补偿外界因素所造成的腔长变化。光电接收器一般采用硅光电三极管,它能将光信号转变成相应的电信号。选频放大器只是对某一特定频率 f 信号进行有选择性地放大与输出。相敏检波器的作用是将选频放大后的信号电压与参考信号电压进行相位比较,当选频放大信号为零时,相敏输出为零;当选频放大信号和参考信号同相位时,相敏输出的直流电压为正,反之则为负。音频振荡器除供给相敏检波器以参考信号电压外,还给出一个频率为 f 的正弦调制信号加到压电陶瓷环上对腔长进行调制。

下面讨论怎样利用兰姆凹陷稳频的原理,图 5.58 所示为激光输出功率-频率曲线。输出功率在原子谱线中心频率 ν_0 处有一极小值,选择它作为频率稳定点。其稳频工作过程如下:在电压陶瓷上加有两种电压,一种是直流电压(0～300 V),用来控制激光工作频率 ν;另一种是频率为 f(如 1 kHz)的调制电压,用来对腔长 L 即激光振荡频率 ν 进行调制,从而使激光功率 P 也受到相应的调制。如果激光振荡频率刚好与谱线的中心频率重合(即 $\nu=\nu_0$),则调制电压使振荡频率在 ν_0 附近以频率 f 变化(图中的 C 点处),因而激光输出功率将发生 $2f$ 的周期性变化(C 点附近功率随振荡频率变化而变化的两侧曲线的斜率)。由于选频放大器工作在特定的频率 f 处,所以此时 $2f$ 的激光信号不能通过选频放大器,伺服系统无输出信号送至压电陶瓷上,激光器继续工作于 ν_0 处。如果激光器受到外界的扰动,使激光振荡频率偏离了 ν_0,例如,$\nu>\nu_0$(图中 D 点处),则激光功率将按频率 f 变化(如图中的 f_D),其变化幅度 δP 即为鉴别器的误差信号,它的相位与调制信号电压相同;此光信号被光电接收器变换成相应的电信号,经过选频放大后送入相敏检波器,与从音频振荡器中输入频率为 f 的调制信号进行相位比较得到一个直流电压,此电压的大小与误差信号成正比,它的正负取决于误差信号与调制信号的相位关系,此时由于两者同相位,从相敏检波器输出一负直流电压,继而经过直流放大、调制升压与整流,馈送到压电陶瓷上,该电压使压电陶瓷环缩短,从而使腔长伸长,于是激光振荡频率又回到 ν_0 处。同样,如果激光频率 $\nu<\nu_0$(图中 B 点处)时,则输出功率虽然仍按频率 f 变化(如图中的 f_B),幅度仍为 δP,但其相位与调制信号相反,此时,从相敏检波器输出一正的直流电压,该电压使压电陶瓷环伸长,腔长缩短,因而激光振荡频率又自动回到 ν_0 处。

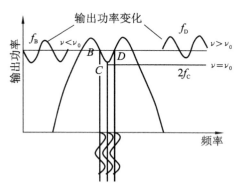

图 5.58　激光输出功率-频率曲线

总之,兰姆凹陷稳频的实质是以谱线的中心频率 ν_0 作为参考标准,当激光振荡频率偏离 ν_0 时,即输出一误差信号,通过伺服系统鉴别出频率偏离的大小和方向,输出一直流电压调节压电陶瓷的伸缩来控制腔长,把激光振荡频率自动地锁定在兰姆凹陷中心处。

5.6.3 塞曼效应稳频

1. 塞曼效应

一个发光的原子系统置于磁场中时,其原子谱线在磁场的作用下会发生分裂,这种现象称为塞曼效应。如当 He-Ne 激光器以单纵模振荡,在谱线中心频率与腔的谐振频率一致时,无频率牵引效应,激光输出频率即为 ν_c(如 632.8 nm 的激光)。若在光束方向施加纵向磁场,则沿磁场方向可观察到,一条谱线对称地分裂成两条谱线,一条是左旋圆偏振光,它的频率高于未加磁场时的谱线($\nu_0 + \Delta\nu$);另一条是右旋圆偏振光,频率低于未加磁场时的谱线($\nu_0 - \Delta\nu$)。两者的光强度相等且其和等于原谱线的光强度,如图 5.59 所示。这两条谱线的频率差为

$$\Delta\nu = 4n\frac{g\mu_B H}{h} \tag{5-78}$$

式中:$g = 1.3$ 是朗道因子;μ_B 是玻尔磁子;h 为普朗克常数;H 是磁场强度。这两条分裂谱线的交点正是原谱线的中心频率,这就是纵向塞曼效应。

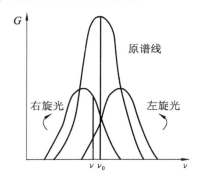

图 5.59 塞曼效应

产生塞曼效应的原因是能级在外磁场的作用下发生分裂,如图 5.60 所示。当未加磁场($H=0$)时,原子从高能级跃迁到低能级,便发出频率为 ν_0 的光;当加磁场之后,这两个能级就发生分裂,如图 5.60 所示,当原子在这些能级之间按选择定则从高能级跃迁到低能级时,便发出三种频率($\nu_1 = \nu_0 + \Delta\nu$,$\nu_0$,$\nu_2 = \nu_0 - \Delta\nu$)的偏振光。

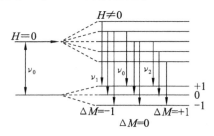

图 5.60 在磁场中原子能级的分裂

由图 5.59 可以看出,当激光振荡频率正好处于 ν_0 时,左旋圆偏振光和右旋圆偏振光的光强相等;若激光振荡频率偏离了 ν_0(如在 ν 处),则右旋圆偏振光的光强($I_右$)大于左旋圆偏振

光的光强($I_左$)；反之,则有 $I_右 < I_左$。根据激光器输出的两个圆偏振光光强的差别,就可以判别出激光振荡频率偏离中心频率的方向和大小。这样可设法形成一个控制信号去调节谐振腔,使它稳定在谱线的中心频率处。由纵向塞曼效应分裂成的两谱线交点处的曲线有较陡的斜率,可作为一个很灵敏的稳频参考点,故频率稳定度和复现性精度都比较高。

2. 塞曼效应双频稳频激光器

1) 双频稳频激光器的结构

双频稳频激光器由加纵向均匀磁场的双频激光管、电光调制器和电子伺服系统组成,如图 5.61 所示。

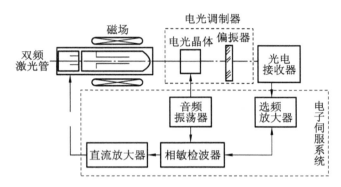

图 5.61 双频稳频激光器示意图

双频激光管是一个利用压电陶瓷控制腔长的内腔管。管壳用石英玻璃制成,腔镜由平—凹反射镜构成,其中,平面镜与压电陶瓷环粘接在一起,激光管充以高纯度的氦氖气体,$He^3 : Ne^{20}$ 约为 7:1,充气气压约为 400 Pa,充气气压过高或含有其他气体成分都会增加激光噪声。在放电区加有强度为 300 G 的均匀纵向磁场。磁场由一个与管子同心的永久磁铁环或电磁线圈产生,其激光管的结构如图 5.62 所示。

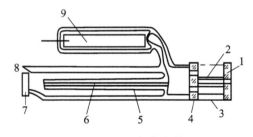

图 5.62 双频激光管

1—玻璃圆片;2—陶瓷芯柱;3—压电陶瓷环;4—控槽平面反射镜;
5—石英管壳;6—石英毛细管;7—凹面反射镜;8—阳极;9—阴极

作为稳频激光管要求单模输出,如输出为 632.8 nm 的 He-Ne 激光管,只要腔长 $L < 100$ mm,即可保证单纵模输出;欲获得单横模输出,则可通过调整毛细管的直径及腔镜的曲率半径和反射率的方法来实现。

电光调制器由电光晶体和偏振器组成。圆偏振光通过加有 1/4 波长电压($U_{\lambda/4}$)的晶体时就会变成线偏振光,而偏振器只允许平行于偏振轴的光通过,故两者结合起来,利用$\pm U_{\lambda/4}$使左旋圆偏振光和右旋圆偏振光交替通过偏振器,即能比较出左旋圆偏振光和右旋圆偏振光光强的大小而完成鉴频作用。其鉴频原理是当双频激光器输出的左旋圆偏振光及右旋圆偏振光进入电光晶体(在晶体上加有频率为 f 交替变化的 $U_{\lambda/4}$)时,即变成两个相互垂直的线偏振光。恰当地设置偏振器的偏振轴方向,当电压为正半周($+U_{\lambda/4}$)时,右旋圆偏振光经过电光晶体后变成的线偏振光刚好能通过,而左旋圆偏振光则正好通不过;当电压变为负半周($-U_{\lambda/4}$)时,左、右旋圆偏振光通过晶体后,其线偏振方向与上述情况相反,左旋圆偏振光能通过,而右旋圆偏振光通不过。因此,在偏振器后面的光电接收器就交替地接收到左、右旋圆偏振光的光强信号 I_{ν_L} 和 I_{ν_R},其变化频率为 f。当 $I_{\nu_R} > I_{\nu_L}$ 时,光电接收器的输出信号电压的相位与调制电压同相;当 $I_{\nu_R} < I_{\nu_L}$ 时,则输出信号电压与调制电压反相;当 $I_{\nu_R} = I_{\nu_L}$ 时,则输出信号为一直流电压,其工作原理如图 5.63 所示。

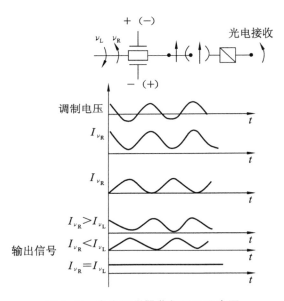

图 5.63　电光调制器鉴频原理示意图

电子伺服系统包括 1 kHz 音频振荡器、选频放大器、相敏检波器和直流放大器。

2)双频稳频激光器的工作原理

一个单模激光器,其振荡频率为 $\nu = q \dfrac{c}{2nL}$。当激光器产生振荡时,激活介质中的粒子受强光作用,折射率 n 就会发生变化,其改变量 Δn 在谱线中心 ν_0 处为零;当振荡频率 $\nu > \nu_0$ 时,Δn 为一增量,即有效折射率增加;反之,当 $\nu < \nu_0$ 时,Δn 为一减量,即有效折射率减小。后两种情况都有把振荡频率拉向谱线中心的趋势,这就是频率的牵引效应。

施加纵向磁场后,光谱线由于塞曼效应分裂为两条位于 ν_0 两侧且与中心频率等间距的谱线,前者的中心频率为 $\nu_{0L}(>\nu_0)$ 的左旋圆偏振光;后者的中心频率为 $\nu_{0R}(<\nu_0)$ 的右旋圆偏振光。其增益曲线 $G(\nu_L)$ 和 $G(\nu_R)$ 如图 5.64 所示。频率牵引效应,可使两圆偏振光的频率分别向各自的增益曲线的极值处移动,即 ν_L 向 ν_{0L} 移动,ν_R 向 ν_{0R} 移动。

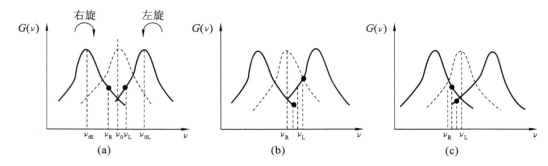

图 5.64　双频激光器的增益曲线

对左旋圆偏振光来说,因为 $\nu_L < \nu_{0L}$,所以 $\Delta n_L < 0$,故 $\nu_L > \nu$,即左旋圆偏振光的频率比未加磁场时的振荡频率增加了

$$\nu_L = q\,\frac{c}{2nL(1+\Delta n_L)} \quad \text{或} \quad (1+\Delta n_L)\nu_L = q\,\frac{c}{2nL} = \nu \tag{5-79}$$

即

$$\nu_L - \nu = -\Delta n_L \nu_L \tag{5-80}$$

同理,右旋圆偏振光的频率为

$$\nu_R = q\,\frac{c}{2nL(1+\Delta n_R)} \tag{5-81}$$

因为 $\nu_R > \nu_{0R}$,所以 $\Delta n_R > 0$,故 $\nu_R < \nu$,即右旋圆偏振光的频率比未加磁场时的振荡频率降低了,即

$$\nu - \nu_R = \Delta n_R \nu_R \tag{5-82}$$

综上所述,当激光管加了纵向磁场后,原来单一振荡频率的激光将分裂为两个不同频率的激光,即频率较高的左旋圆偏振光和频率较低的右旋圆偏振光,所以这种激光器称为双频激光器。两圆偏振光的频率差为

$$\Delta\nu = \nu_L - \nu_R = \sqrt{\frac{\ln^2}{\pi^3}} \cdot \frac{4\nu_0}{hQ}\left(\frac{g\mu_B H}{\Delta\nu_D}\right) \tag{5-83}$$

式中:Q 为腔的品质因数;$\Delta\nu_D$ 为多普勒线宽。可见,其频率差除了因加纵向磁场而产生的塞曼分裂之外,还与腔的品质因数有关。

下面再简述一下双频激光器的稳频原理,双频激光器的频率稳定参考点是塞曼效应分裂的左、右旋圆偏振光曲线的交点,如图 5.64(a)所示。如果激光振荡频率 $\nu = \nu_0$,由图可以看出,左旋圆偏振光和右旋圆偏振光的增益相等,即 $G_L = G_R$,所以输出的功率(光强)相等 $(I_{\nu_L} = I_{\nu_R})$,此时光电接收器输出一直流信号,电子伺服系统无信号输出,故激光频率保持不变;如果外界扰动使激光频率发生漂移($\nu > \nu_0$),如图 5.64(b)所示,则 $G_L > G_R$,因此 $I_{\nu L} > I_{\nu R}$,这时光电接收器输出的误差信号的相位与调制电压反相;反之,如果 $\nu < \nu_0$,如图5.64(c)所示,则 $G_L < G_R$,$I_{\nu L} < I_{\nu R}$,那么光电接收器输出的误差信号的相位与调制电压同相。此误差信号经选频放大后,由电子伺服系统输出相应的电压,该电压可控制压电陶瓷以调节腔长,使激光振荡频率回复到两谱线的交点处,从而达到稳频的目的。

在精密干涉测量中,双频稳频激光器较之单频稳频激光器具有更多优点,这主要是前者用拍频方法测量其频率差,故具有更强的抗干扰能力,对工作条件(温度、湿度、清洁度等)的要求不是太高,在无恒温条件下也能长时间连续工作,这对工业用干涉仪特别有利。

3. 塞曼效应吸收稳频

塞曼效应吸收稳频的装置如图 5.65 所示。它是在单频激光器腔外的光路上设置一个塞曼吸收管,管内充以低气压的 Ne 气(只充 Ne 气的管子比充 He-Ne 混合气的管子对谱线的压力位移小),并在吸收管内通以一定的电流,一些受激发的 Ne 原子能吸收入射到 Ne 管的激光,但因吸收谱线较宽,不宜直接作为参考频率。若在 Ne 管上加一纵向磁场,由于塞曼效应,Ne 原子的吸收线相对于原初始中心线会分裂为两条重叠的吸收线,如图 5.66 所示。因此,Ne 吸收变为双向色散性,即它对于频率相同、方向相反的左、右旋圆偏振光,具有不同的吸收系数,其吸收差取决于激光振荡频率偏离谱线中心的程度。仅在谱线中心 ν_0 处,两圆偏振光吸收相等。由图可见,两条吸收线在斜率最陡的 C 处相交,以此点作为稳频参考点即可得到灵敏的鉴频精度。

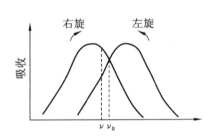

图 5.65　塞曼效应吸收稳频装置

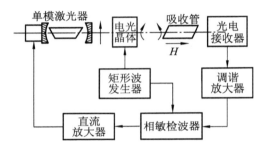

图 5.66　Ne 吸收线的塞曼分裂

塞曼效应吸收稳频的原理是:从单模 He-Ne 激光器输出的线偏振光通过加有正、负交变的 $U_{\lambda/4}$ 矩形电压的电光晶体,变成交替变化的左旋圆偏振光和右旋圆偏振光,然后再通过纵向磁场的 Ne 吸收管,交变的两圆偏振光在吸收管中就将得到调制,结果形成误差信号,该误差信号的振幅与偏离的频率差的大小成正比,其相位与偏离的方向有关。这个误差信号由光电接收器接收,再经过放大和伺服系统去控制腔长的伸缩,从而保证激光振荡频率稳定在 ν_0 处。

5.7　思考与练习题

1. 以线性电光效应纵向运用为例,简述晶体半波电压的物理含义。
2. 简述磁致旋光效应和天然旋光效应的不同之处。
3. 简述声光效应喇曼-乃斯衍射和布喇格衍射的光强特点。
4. 简述 KDP 晶体的纵向运用电光效应(折射率和坐标轴的变化)。
5. 简述纵向运用的电光晶体对入射线偏振光的偏振态的改变,并与自然双折射晶体波片的作用进行比较。
6. 简述双 KDP 晶体楔形棱镜偏转器的工作原理。
7. 简述由电光晶体和双折射晶体组合而成的二进制数字式偏转器的工作原理。

8. 简述布喇格型声光强度调制器的工作原理。

9. 调 Q 技术的基本思想是什么？

10. 说明选单模(横、纵)的意义和作用。

11. 分析利用衍射损耗的不同选基模(TEM_{00})的原理。

12. 为什么要稳频？稳频技术的基本思想是什么？试说明兰姆凹陷稳频的基本原理。

13. KDP 晶体，$L=3$ cm，$d=1$ cm。在波长 $\lambda=0.5$ μm 时，$n_0=1.51$，$n_e=1.47$，$\gamma_{63}=10.5\times10^{-12}$ m·V^{-1}。试比较该晶体分别纵向运用和横向运用(忽略自然双折射的影响)，相位延迟为 $\Delta\varphi=\pi$ 时，外加电压的大小。

14. 简述声光偏转器的工作原理。

15. 由 KDP 晶体制成的双楔棱镜偏转器，长度、高度、宽度都为 1 cm，电光系数 $\gamma_{63}=10.6\times10^{-12}$ m/V，$n_0=1.51$，当 $U=1$ kV 时，求偏转角 θ。为增大偏转角度，可采用多级棱镜偏转器，当多级棱镜偏转器总长度为 12 cm 时，偏转角为多大？

16. 在电光调制器中为了得到线性调制。在调制器中插入一个 1/4 波长波片，它的轴向应如何放置为佳？若旋转 1/4 波长波片，它所提供的直流偏置有何变化？

17. 在声光介质($n=1.33$)中，激励超声波的频率为 500 MHz，声速为 3.0×10^3 m/s。求波长为 0.5 μm 的光波由该声光介质产生布喇格衍射时的入射角 θ_B 等于多少？

18. 对波长 $\lambda=0.5893$ μm 的钠黄光，石英旋光率为 21.7 °/mm。若将一石英晶片垂直其光轴切割，置于两平行偏振片之间。问石英片至少多厚时，无光透过偏振片。

19. 一个长 10 cm 的磷冕玻璃(维尔德常数 $V=4^\circ T^{-1}\cdot cm^{-1}$)放在磁感应强度 $B=0.1$ T 的磁场内，一束线偏振光通过时，偏振面转过多少度？若要使偏振面转过 45°，外加磁场需要多大？

20. 一钼酸铅($PbMoO_4$)声光调制器，对 He-Ne 激光进行调制。已知声功率 $P_s=1$ W。声光作用长度 $L=1.8$ mm，压电换能器宽度 $H=0.8$ mm，品质因数 $M_2=36.3\times10^{-15}$ $s^3 kg^{-1}$，求这种声光调制器的布喇格衍射效率。

21. 用钼酸铅晶体制成一个声光偏转器，取 $n=2.48$，$M_2=25$(相对于熔融石英 $M_{2石英}=1.51\times10^{-15}$ $s^3 kg^{-1}$)，换能器长度 $L=1$ cm，宽度 $H=0.5$ cm，声波沿光轴方向传播，声频 $f_{s0}=150$ MHz，$v_s=3.66\times10^5$ cm/s，光束宽度 $\omega=0.85$ cm，$\lambda=0.5$ μm。

    (1) 证明该偏转器只能产生正常布喇格衍射。

    (2) 为获得 100% 的衍射效率，求声功率 P_s。

22. 一束线偏振光通过长 $L=25$ cm，直径 $D=1$ cm 的实心玻璃棒，外绕 $N=250$ 匝导线，通电流 $I=1$ A。取范德特常数 $V=0.5'/G\cdot cm$，试计算光的旋转角 θ。

23. 有一带偏振棱镜的电光调 QYAG 激光器。试回答和计算下列问题：

    (1) 画出调 Q 激光器的结构示意图，并标出偏振镜的偏振轴和电光晶体各主轴的相对方向；

    (2) 怎样调整偏振棱镜的起偏方向和晶体的相对位置才能得到理想的开关效果；

    (3) 计算 1/4 波长电压 $V_{\frac{\lambda}{4}}$($l=25$ cm，$n_0=n_e=1.50$，$\gamma_{63}=23.6\times10^{-17}$ m/V)。

24. 一个声光调 Q 器件($L=50$ mm，$H=5$ mm)是用熔融石英材料制成，用于连续 YAG 激光器调 Q，已知激光器的单程增益为 0.3，声光器件的电声转换效率为 40%。求：

(1)声光器件的驱动功率 P 应为多大?

(2)声光器件要工作于布喇格衍射区,其声场频率应为多少?

25. 钕玻璃激光工作物质,其荧光线宽 $\Delta\nu_D=24.0$ nm,折射率 $n=1.50$,若用短腔法选单纵模,腔长应为多少?

26. 一台红宝石激光器,腔长 $L=500$ mm,振荡线宽 $\Delta\nu_D=2.4\times10^{10}$ Hz,在腔内插入 F-P 标准具选单纵模($n=1$),试求它的间隔 d 及平行板的反射率 R。

27. 为了抑制高阶横模,在一共焦腔的反射镜处放置一个小孔光阑,若腔长 $L=1$ m,激光波长 $\lambda=635.8$ nm,为了只让 TEM_{00} 模振荡,小孔的大小应为多少?(一般小孔直径等于镜面上基模光斑尺寸的 3~4 倍)。

28. 有一方形孔径共焦腔 He-Ne 激光器,腔长 $L=30$ cm,直径 $d=2a=0.12$ cm,激光波长 $\lambda=632.8$ nm。镜的反射率为 $\rho_1=1,\rho_2=0.96$,其他损耗已忽略,问此激光器能否作单模运转?如果想在共焦镜面附近加一个方形小孔光阑选择 TEM_{00} 模,小孔的边长应为多大?(He-Ne 激光器的增益由公式 $\exp(Gl)=1+3\times10^{-4}\dfrac{L}{d}$ 计算)。

29. He-Ne 激光器的增益线宽 1500 MHz,一个腔长 $L=30$ cm 的激光器内将有多少个纵模振荡?若要实现单纵模振荡?腔长应为多少?

第 **6** 章

激光在工程技术中的应用

6.1 激光干涉测长仪

在现代科技和计量、生产测量中,有时会遇到要求测量长度大且精度高的情况,只有采用激光干涉测量才能满足要求。

6.1.1 单波长干涉测量

迈克耳逊干涉测量原理如图 6.1 所示,由 M_1、M_2 反射回的两束光,经透镜 L 聚焦于光阑处;光阑后边放一光电接收器 Ph。反射镜 P 移动时,光阑处的干涉条纹明暗交替变化,光电接收器只输出电信号脉冲。M_1 移动 l_x 距离后,光阑处的条纹变化(即光电接收器输出的电信号脉冲)为 N,则

$$l_x = \frac{\lambda}{2} N \tag{6-1}$$

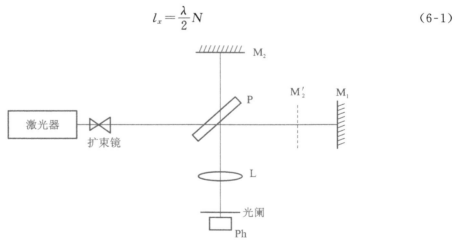

图 6.1 迈克耳逊干涉测长原理

日本计量研究所的樱井好正博士,利用迈克耳逊干涉仪测长原理,研制了一台测量长 2 m、精度达 40 nm 的精密测长仪,用以测量 2 m 长的刻线尺。测长仪的主体部分在长

2.9 m、宽 0.39 m、高 0.54 m 的凹形铸铁底座上有两条直线导轨,其上有边长为 40 cm 的正方形工作台,它能以恒定速度沿着底座上的刻线滑动,移动台上有用于照明和观测刻线尺的光学系统及立体棱镜。为了保持恒温测量,整个测量系统放置在保温罩内。照明灯和激光器均放置在保温罩外面,照明光由光纤引入,激光干涉测长仪的光学系统如图 6.2 所示。它由两套光学系统和三套光检测系统组成。从 A 到 V_1、V_2 是检测刻线用的光电显微镜光学系统。从 A 到 V_1、V_2 是采用伺服控制系统的 He-Ne 稳频激光的干涉光路系统。三套光检测系统分别是光电倍数增管 V_3 检测透过狭缝 S_1 的光,V_1、V_2 接收由直角棱镜 T 分成的两束干涉光,以检测干涉级次变化。当移动台 L 从刻线 R 的一端以恒定速度移动时,随立体棱镜 J 的移动而产生干涉级次的变化,V_1、V_2 将余弦变化的光电流输送到计算机。随着 PQ_1 的移动,在狭缝 S_1 上出现的刻度面的十倍放大像也以恒定的速度移动,当 S 尺的零刻线正好对着信号,并送到计算机的门电路上,使干涉条纹开始计数。然后再用后一条刻线脉冲关上门电路,若此期间计数为 N,由式(6-1)可算得刻线间的距离 l_x,用两台计算机交替进行计数和记录,就可连续自动测量全部刻线间隔。测量中,每改变一个干涉级次,就发生两个电脉冲信号,则分辨率为 $\lambda/4=0.15\ \mu m$。若干涉条纹的信号分别按正弦和余弦函数检出,按 1/16 波长为单位测量,则 He-Ne 激光测量 1 m 的精度可达 39 nm。

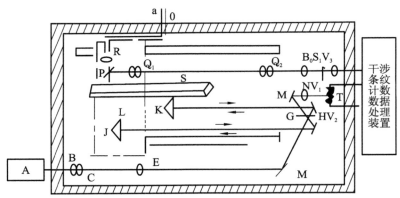

图 6.2 激光干涉测长仪的光学系统

(1) 检测刻线的光学系统有 R:聚光系统;P:半透明镜;Q_1Q_2:中继透镜 Q_1,成像透镜 Q_2;S:狭缝;V_3:光电倍增管。

(2) 干涉光路有 A:稳频 He-Ne 激光器;B:聚焦透镜;C:光阑;E:准直透镜;M:全反射镜;G:半透明镜;K,J:立体棱镜;N:聚焦透镜;T:干涉光分束棱镜;V_1、V_2:光电倍增管。

6.1.2 双波长干涉测量

用单波长进行长度大、精度高的测量,对环境的要求相当苛刻,且测量时间很长(移动速度很慢);若采用双波长测量,则对环境的要求大大降低。

双波长干涉测量的原理是测量两个不等频干涉产生的拍频信号。利用塞曼效应,可以得到双频激光器,在 He-Ne 激光器放电管外部加一轴向磁场,则可把 He-Ne 激光器发出的激光谱线分裂成频率稍有差异且旋转方向相反的两条圆偏振光。双频激光干涉测长仪的原理如图 6.3 所示。He-Ne 激光器发出的两条圆偏振光束经 $\lambda/4$ 波片后,变成相互垂直的两条

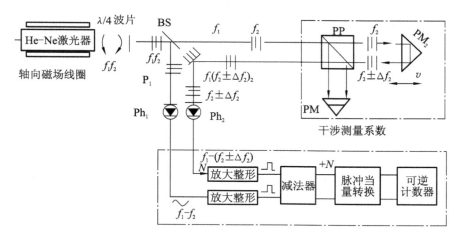

图 6.3　双频激光干涉测长仪的原理

线偏振光,分束镜 BS 将其分成两束。反射束经检偏器 P_1 后入射于光电接收器 Ph_1,在其上产生拍频参考信号,其频率为 f_1-f_2。透过 BS 的光束入射到偏振分光棱镜 PP,垂直偏振光 f_1 全反射到直角棱镜 PM_1 后,仍反射回 PP,水平偏振光 f_2 全透射到直角棱镜 PM_2 后,仍反射回 PP。当 PM_2 以速度 v 运动时,PM_2 的反射光将产生多普勒频移 Δf_2,即 PM_2 反射回来的光的频率为 $f_2 \pm \Delta f_2$。因此,光电接收器具 Ph_2 上产生的拍频信号频率为 $f_1-(f_2 \pm \Delta f_2)$。Ph_1 和 Ph_2 输出的拍频余弦电信号都经放大整形后,输入减法器中进行相减(也就是两个电信号再混频,取其低频),则减法器输出的电脉冲频率为 Δf_2,输出脉冲数为 N,根据多普勒频移公式有 $\Delta f_2 = \dfrac{2v}{c} \cdot f_2$,则

$$N = \int \Delta f_2 \, \mathrm{d}l = \int \frac{2f_2 v}{c} \mathrm{d}t = \frac{2}{\lambda_2} \int v \, \mathrm{d}t = \frac{2}{\lambda_2} t \tag{6-2}$$

式中:l 为直角棱镜 PM_2 移动距离,亦即被测长度。所以

$$t = \frac{1}{2} N \lambda_2 \tag{6-3}$$

这与式(6-1)的形式一致。这一测量方法,也可以采用定标方法,设单位长度脉冲数为 M,则所测长度 $l=N/M$,通过运算后,可直接显示出测量长度。

6.2　激光测距

　　激光技术对光电测距仪的发展起到了极大的推动作用。激光所具有的高亮度、高方向性、高单色性等特点,使它成为光电测距仪的理想光源,从而制成激光测距仪。与红外光电测距仪相比,激光测距仪在测距精度和测程范围方面有了很大的提高,而且打破了测量的时间限制。绝对测距精度达到 1.1 mm 量级。激光光测距仪对人造卫星、月球等的测距达到了很高的精度。1969 年,美国阿波罗 11 号将反射镜安放到了月球,从而实现了月球、地球之间距离的高精度测量。激光测距仪与计算机的结合形成激光测距的自动化和数字显示。我国在激光测距仪的研制方面也取得了很大的进步,1969 年,国家地震局武汉地震大队(现国家

地震局地震研究所)研制成功了我国第一台激光测距仪,1978 年研制成功了数字显示激光测距仪,1972 年研制成功了人造卫星激光测距仪。

激光测距仪的分类方法较多。根据测距方法可分为脉冲法测距、相位法测距、脉冲-相位法测距等。根据测程范围可分为短程测距仪、中程和中长程测距仪、远程和超远程测距仪。本节主要对脉冲法测距和相位法测距作简要介绍。

6.2.1　激光大气传输和测程问题

1. 大气传输

激光测距首先碰到的一个问题就是光信号在大气中的传输问题。当光信号在大气中传播时,必定会受到大气的干扰。这种干扰可以分为以下两类。

(1) 经常存在于大气中的背景干扰,这种干扰是由大气和地球辐射,以及来自各种外来辐射源(包括太阳、月亮和下垫面等)的光辐射的散射产生的。

大气中密度起伏、悬浮粒子(尘埃、水珠、烟雾等)都将使光信号产生散射,从而使光信号以指数形式衰减。这些散射通常可以归结到 MEI 散射和瑞利散射。

大气中的湍流运动将使空气折射产生随机的时空分布,从而引起光波振幅和相位起伏,其结果将引起光束的扩展、传播方向的起伏和光束分裂。这种湍流效应的结果将使光波信号减小并偏离接收器目标,减小测程范围。

(2) 大气气体信号的能量吸收,一方面是大气中光信号的能量衰减的主要原因,另一方面又引起与大气自发辐射有关的背景干扰。与散射不同,在吸收系统 K 的光谱中吸收有十分明显的选择性。将大气散射和吸收一起考虑,则经过距离 l 后,光信号的衰减遵循指数规律

$$I = I_0 e^{-(\alpha_s + K_\nu)L} \tag{6-4}$$

式中:α_s 为散射衰减系数,吸收系数 K_ν 与频率(或波长)有很大关系,对于某些波长段,吸收系数很小,形成透射光波窗口。总的来讲,紫外线的透射率是很低的,在红外方面有较多的透射窗口。图 6.4 所示为波长在 $0.2 \sim 15~\mu m$ 范围的地面大气透过率曲线。

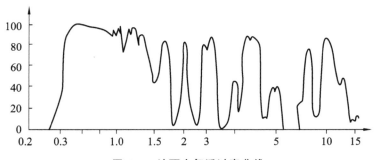

图 6.4　地面大气透过率曲线

2. 测程方程

测距仪的最大测量距离是由测量目标反射回来的信号(回波信号)强度和接收器所能接收的最小信号强度决定的。接收器能接收到的最小回波强度与激光发射强度、光学系统和接收器参数大气传输之间的关系式称为测程方程。

$$P_{\mathrm{L}}=\frac{16P_{\mathrm{r}}\,m\mathrm{e}^{-2aL}}{\pi^2L^4\Omega_{\mathrm{L}}^2\Omega_{\mathrm{T}}^2}KA_{\mathrm{L}}A_{\mathrm{R}} \tag{6-5}$$

式中：P_{L}为接收器收到的光功率；P_{r}为激光器发射功率；m为光调制器调制度；a为包括大气散射和吸收在内的衰减系数；L为测距仪与目标之间的距离；A_{L}为反射器有效面积；A_{R}为接收器有效面积；Ω_{L}为激光器发散角；Ω_{T}为反射器（即回波）发射角；$K=K_0 \cdot K_{\mathrm{T}} \cdot K_{\mathrm{R}}$称为包括发射系统透过率$K_0$，反射器透过率$K_{\mathrm{T}}$和接收器透过率$K_{\mathrm{R}}$在内的总透过率。若接收器的最小接收功率为$P_{\min}$，则测距仪最大测程$L_{\max}$为

$$L_{\max}=\left(\frac{16P_{\mathrm{r}}\,m\mathrm{e}^{-2aL}}{\pi^2\Omega_{\mathrm{L}}^2\Omega_{\mathrm{T}}^2P_{\min}}KA_{\mathrm{L}}A_{\mathrm{R}}\right)^{\frac{1}{4}} \tag{6-6}$$

6.2.2 相位法测距

1. 相位法测距原理

如图 6.5 所示，测距仪在 A 点发出一个光波信号，到达目标 B 点经过反射后回到 A 点所经过的时间为 τ，则 A、B 两点之间距离 D 为

$$D=\frac{1}{2}c\tau \tag{6-7}$$

设 A 点发出的光波为调制波，频率为 f，回到 A 点时回波比发射波落后相位

$$\varphi=2\pi f\tau \tag{6-8}$$

将式（6-7）和式（6-8）相结合，则可得到相位法测距公式：

$$D=\frac{1}{2}\cdot\frac{c}{f}\cdot\frac{\varphi}{2\pi} \tag{6-9}$$

如图 6.5 所示，位相由 N 个整波和不足一个整波的个波组成，即 $\varphi=N2\pi+\Delta N2f\pi$。所以

$$D=\frac{\lambda}{2}(N+\Delta N) \tag{6-10}$$

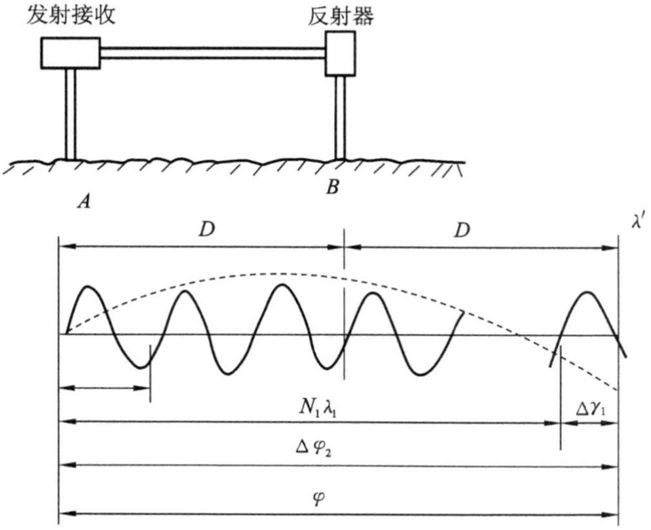

图 6.5　相位法测距

式中：$\lambda=c/f$ 为调制波长。由于测量相位移动的仪器无法测知整数波的变化（即无法记录 N），只能测知不是一个波的相位，$\Delta\varphi$ 得到的距离组合起来即可得到完整、准确的距离值。L_{s1} 量得的距离为 6.583 m（对应于 $\Delta\varphi_1$），L_{s2} 量得的距离为 456.5 m（对应于 $\Delta\varphi_2$），组合起来可得实际距离为 456.583 m。

把调制波的频率称为测尺频率，低频 f_2 称为粗测频率，高频 f_1 称为精测频率。选择测尺频率时一定要使两者都能衔接。

上例中 $f_1=15$ MHz，只能测到厘米量级的精度。为了提高测量精度，必须采用高频测尺。例如，采用超高频 $f=500$ MHz，但采用高频在技术上有些困难，所以现在一般都采用差频测相。通过主振频率和本振频率的混合将参考信号和测距信号变成中低频或低频信号，然后对该差频进行相位比较。

发射探测光的主振率 f_T，作为参考光的本振频率为 f_R，且有 $f_T>f_R$。φ_T 和 φ_R 分别为初始相位。本振信号混频后进入相位计时的相位为 $\varphi_r=2\pi(f_T-f_R)\tau+(\varphi_T-\varphi_R)$，主振信号经目标反射的回波与本振混频后进入相位计时的相位 $\varphi_c=2\pi(f_T-f_R)\tau+(\varphi_T-\varphi_R)-4\pi f_T\tau_D$，则两混频波之相位差为

$$\varphi=\varphi_r-\varphi_c=4\pi f_T\tau_D=4\pi\frac{f_T}{c}D \tag{6-11}$$

由此可知，相位计测量到相位差 φ 是主振信号经过 2D 的相位延迟，这里处理的是中、低频信号 (f_T-f_R)，仅数千赫兹。

2. 自动测相

对信号 φ_r 和 φ_c 相位自动测量原理如图 6.6 所示。两信号 φ_r、φ_c 分别经过通道 I、II 放大整形、输出方波，进入检相触发器 R、S 端。φ_r 方波下降沿作为开门信号使触发器"置位"，φ_c 方波下降沿作为门信号使触发器"复位"。在检相触发器"置位"（即开门）期间，时钟脉冲通过"与门"进入计数器。"置位"时间 τ_c 与测量信号 φ_c 和参考信号 φ_r 之间的相位差 φ 相对应，此时间计数器所计脉冲数为

$$m=f_{cp}\cdot\tau_c=\frac{f_{cp}}{f_c}\cdot\frac{\varphi}{2\pi} \tag{6-12}$$

式中：f_{cp} 为时钟脉冲频率；$f_c=1/T_c$ 为发射光信号频率。由式（6-12）可知 φ 与脉冲数 m 成正比，为了提高测量精度，增设"与门 2"，开启的闸门时间 τ_g 控制检相次数 $n=\tau_g/T_c=\tau_g f_c$，则 τ_g 内计数器测到的总脉冲数为

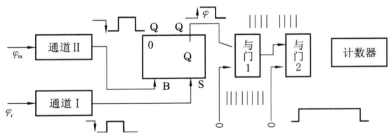

图 6.6　自动测相原理

$$M=m \cdot n=f_{cp} \cdot \tau_g \cdot \frac{\varphi}{2\pi} \qquad (6\text{-}13)$$

即

$$\varphi=2\pi \frac{M}{f_{cp} \cdot \tau_g} \qquad (6\text{-}14)$$

所以，增设"与门 2"后，就相当于多次测量后取平均值，可以提高相位测量精度。

6.2.3　脉冲法测距

1. 脉冲测距的原理

脉冲法测距的原理是非常简单的，也是最早使用的测距方法。测距仪发出的激光脉冲接收到回波脉冲的时间为 τ，则距离为

$$D=\frac{1}{2}c \cdot \tau$$

这种测量方法的精度取决于：①时钟脉冲的频率，频率越高，则精度越高；②反射器和接收器的脉冲展宽；③发射脉冲宽度，脉冲越窄，则精度越高，这一因素是主要的。若脉宽在纳秒级、测精度在米量级，现在锁模激光脉宽可达皮秒量级，则测距精度相应达到厘米量级。

2. 地球—月球距离测量

1969 年 6 月 21 日，美国阿波罗 11 号登月成功，宇航员将第一个反射器（A11）安放到了月球上，为用激光测量地球—月球距离提供了条件。100 个直径为 3.8 cm 的高性能立体棱镜镶在边长为 46 cm 的铝板上。反射器受光照射后，反射回波。若采用 He-Ne 激光的 632.8 nm 波长，发射直径为 1 m，光束发散锥角小于 0.2″，到达月球时光直径为 300 m。阿波罗 11 号将反射器安放到月球上不久，即从 1969 年 8 月 1 日开始，美国里克天文台就收到了 A11 反射器反射回来的很强的回波，测量精度为 7 m。美国麦克唐纳天文台用 2.7 m 的反射望远镜进行测量，测量精度达到 15 cm。

现在，月球上已安置了 6 个反射器，如图 6.7 所示，L17 是法国制造的立体棱镜反射器，由苏联宇宙飞船月球 17 号于 1970 年 11 月安放。A14 和 A15 由美国阿波罗宇宙飞船于 1971 年 2 月安放。这些反射器为精确测定地球—月球距离提供了方便。

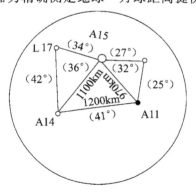

图 6.7　月球上各立体棱镜反射器的位置

6.3　激光加工

　　激光是一束具有空间和时间相干性的光,通过简单的光学系统聚焦,可产生 $10^5 \sim 10^{13}$ W·cm^{-2} 的功率密度。激光为一些金属的热加工提供了一种崭新的热源。在早期,由于受激光器能量和功率的限制,这种新热源刚开始主要用于微型加工,如打孔、微型焊接、划片、切割、电阻微调等,然后又应用到微电子学的制造工艺中,如硅片退火、合金化、外延技术、掺杂、欧姆接触、光刻及大规模集成电路的互连等,在 20 世纪 70 年代后期,由于高功率激光器的出现,激光已能够对大工件进行高效率和高速度加工,如材料深穿透焊接、切割、热处理、表面合金化等。

6.3.1　激光焊接

　　激光焊接与其他焊接相比,具有以下优点:
　　(1) 功率密度高,可以对一些高熔点的金属或两种不同的金属进行焊接;
　　(2) 光斑小,作用时间短,热形变、热影响区小;
　　(3) 它是非接触焊接,无机械应力,无机械变形,适用于通过透明物质焊接处于真空容器内的物体和焊接处于复杂结构内的物体;
　　(4) 激光焊接便于自控联机,实现自动化;
　　(5) 它与电子束焊接相比,对环境清洁度的要求低,并且成本也低。
　　下面叙述与激光焊接紧密相关的一些物理过程。

　　1. 激光穿透深度

　　当强度高的激光束作用于金属表面时,激光仅直接与一定深度的金属物质相互作用,结果金属将一部分光能反射出去,另一部分能量转变成不规则的分子运动动能,再变成热能。光的穿透深度可以从光的能流密度变化来计算。如果光通过厚度为 dx 的薄片时,能流密度减少 dI,则有如下关系:

$$-\mathrm{d}I = kI\mathrm{d}x$$

光强度减少率为

$$\mathrm{d}I/I = -k\mathrm{d}x$$
$$I = I_0 \mathrm{e}^{-kx} \tag{6-15}$$

式中:I 是深度为 x 的光程度,k 是金属的吸收系数(与金属物质和波长有关)。

　　对一些普通金属而言,k 为 $10^5 \sim 10^9$ cm^{-1} 数量级范围。如果激光功率密度为 $10^5 \sim 10^9$ W·cm^{-5},则激光的穿透深度大约为微米数量级。

　　2. 反射损耗

　　高强度的激光束入射到金属表面时,可使金属表面附近的自由电子做强迫振动,形成谐波,这种谐波造成强烈的反射波和进入金属内部的入射波。由于金属中自由电子的密度很大,故其反射波的强度,可达入射波的 95% 以上。但是金属的反射率是随激光的波长变化而变化的,几种金属对激光的反射特性如图 6.8 所示。从图中可见,对于 1.06 μm 的 YAG 激光束,金(Au)、铜(Cu)、铝(Al)的反射率都在 95% 以上。所以,在激光作用刚开始的瞬间,激光的绝大部分能量都被反射而损耗,只是其中一小部分能量被金属吸收。当光斑处局部温度开始升高或有微量蒸发时,金属的吸收率就显著增加。因此,在焊接中,为了提高光转变成热的效率,首先应尽量减少金属初始瞬间的反射损耗。为此,氙灯的放电波形在初始瞬间造成一个尖峰是很有必要的,而且尖峰高度随着不同的金属而不相同。对于金、银、铜、铝等金属,可做成指数形式的衰减波;对于普通金属,可做成一般形式的衰减波。

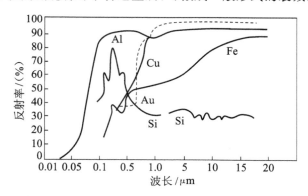

图 6.8　几种金属对不同波长激光的反射特性

其次,金属的表面光洁度对激光吸收的影响也是很大的。一般金属表面的吸收率随着表面粗糙度的增大而增加。但对于波长为 0.6943 μm 的红宝石激光,当表面粗糙度超过 2 μm 时,穿透深度就不再随表面粗糙度的变化而变化了。

有时,为了减少反射损耗,在反射率高的金属表面上,覆盖一层很薄的反射率低的金属,但这两种金属必须是能形成合金的,如铜、金、银可覆盖薄镍层。此时,在达到同样熔深的情况下,焊接所需要的能量大约为裸露的铜、金、银所需能量的四分之一。

3. 物质的转移与功率密度的关系

当激光被金属吸收转变成热能时,由于激光的功率密度很高,因而金属表面发生气化,形成高压蒸气,蒸气膨胀后以极高的速度喷射。此时,金属表面的压力和温度随着功率密度的增加而迅速增加。金属表面局部温度越高,蒸气压力越大,热扩散就越快,熔化层形成也越快。如果再继续增加激光功率密度,则由于高压蒸气的膨胀,熔化了的液态金属就会高速喷射出去,这就形成金属飞溅。

从以上所述可知,高强度激光作用于金属时,金属物质主要按三个过程转移,即蒸发、蒸气膨胀而产生陷坑中的压力扩展和熔化。

焊接时应避免产生陷坑和金属飞溅。为此,需严格控制激光功率密度以使金属表面的温度维持在沸点附近,而不致形成强大的蒸气压力膨胀。对于一般的金属,激光功率密度控制在 $10^5 \sim 10^6$ W·cm^{-2}。

4. 物质转移与激光脉宽的关系

激光作用于物质时,物质的转移还取决于激光的作用时间。将平均功率为 30 kW、功率密度为 10^7 W·cm^{-2} 的钕玻璃激光束作用于镍(Ni)、钼(Mo)、铜(Cu)、铝(Al)的表面,测得转移物(包括气化和液化物质)质量与激光脉宽的关系如图 6.9 所示。图中,转变成液态物质的质量随激光脉宽的增加而迅速增加。在此功率密度作用下,如激光脉宽小于 200 μs,则金属的蒸发是物质转移的主要机理,此时对打孔、蒸发、切割等加工有利。当激光脉宽大于 200 μs,则金属的熔化是物质转移的主要机理,这对焊接有利。激光焊接的脉宽都是毫秒数量级。

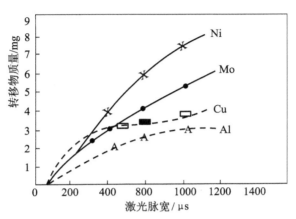

图 6.9 转移物质量与激光脉宽的关系

6.3.2 激光焊接工艺和参数选择

用脉冲固体激光器发出的激光进行焊接属于熔化焊。影响焊接的因素很多,如金属的光学性质(对激光的反射和吸收)、热学性质(熔点、沸点、热扩散率、热传导率、熔化潜热等)表面状况等。一般根据金属的性质、需要的熔深和焊接方式,决定激光的功率密度、脉宽和波形。下面以薄片与薄片之间的焊接为例,讨论激光焊接的工艺和参数选择问题。

1. 最佳参数与片厚的关系

片与片之间的焊接,在保证强度要求的情况下,使其形成牢固焊接的参数范围还是比较大的。倘若选取其中能量小、脉宽短的参数作为最佳参数,则可提高焊接效率、降低设备费用。此类焊接的最佳参数是光斑直径为上片材料厚度的 2 倍所需的脉宽和功率密度。无论光斑直径和片厚取何固定比值,其脉宽都与片厚(或是所需的熔深)的平方成正比,功率密度与片厚成反比,总能量与片厚的立方成正比。这说明片厚是决定激光参数的重要因素。

2. 焊接方式

焊接方式一般随焊接件的结构而定。但在很多情况下,可以根据焊接的要求,选择合理的焊接方式。薄片与薄片间的焊接方式主要有以下几种。

(1)对焊。两片金属齐缝放置,激光直接同时照射两片金属。两片金属同时熔化,且熔化液流入缝内凝固,如图 6.10(a)所示。

(2)端焊。两片金属重叠放置,激光同时直接照射在上片端部和下片,使两片金属同时熔化,上片的金属熔液稍往下流动,如图 6.10(b)所示。

(3)中心穿透熔化焊。两片金属重叠放置,激光直接照射上片,光被上片金属吸收转变成热能,往下片传递,使上片金属的下表面和下片金属的上表面同时熔化,如图 6.10(c)所示。

（4）中心插式熔化焊。两片金属重叠放置，激光直接照射上片，激光初始峰值很高，使光斑中心处前期蒸发成一小孔，在激光作用的中期和后期，激光通过小孔直接照射下片表面，从而将两片金属熔接，如图 6.10(d) 所示。

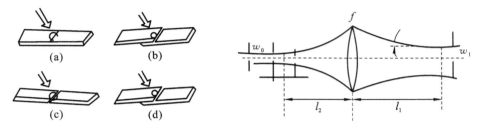

图 6.10　片与片的焊接方式　　　　图 6.11　激光焦点和离焦量

上述四种焊接方式，以端焊的效果最好。它与第（3）种方式相比较，不需要穿透上片金属，熔深较小，因而要求激光的脉宽较短、能量较小、强度大，这对焊接结构限制太大。第（4）种方式难免有少量飞溅，可用于焊接厚片。

3. 离焦量对焊接的影响

激光在各平面上光斑能量的分布为高斯函数。谐振腔内是高斯驻波场，腔外是高斯行波场。按照高斯光束传输理论，聚焦透镜左边光束腰部光斑半径为 w_1，与透镜距离为 l_1，光束经过透镜后，在右边获得新的光束腰部，如图 6.11 所示。其光斑半径为

$$w_0 = \frac{w_1 f \lambda}{\sqrt{(f-l_1)^2 \lambda^2 + (\pi w_1^2)^2}} \tag{6-16}$$

新光束腰部与聚焦透镜的距离为

$$l_2 = f + (l_1 - f) \frac{f^2}{(l_1 - f)^2 + \left(\dfrac{\pi w_1^2}{\lambda}\right)^2} \tag{6-17}$$

可见，经透镜聚焦后的光束腰部，不在透镜的焦平面上，而是在远离焦平面的位置 A 点上，A 点称为激光焦点。激光焦点上的光斑最小，能量密度最大。与激光焦点距离为 z 处的光斑半径为

$$w^2 = w_0^2 \left[1 + \left(\frac{\lambda z}{\pi w_0^2} \right)^2 \right] \tag{6-18}$$

此处，z 称为离焦量。各平面光斑中的能量分为

$$I(r,z) = \frac{2P}{\pi w^2} \exp \left[-2 \left(\frac{r}{w} \right)^2 \right]$$

激光焦点平面上光斑中心处（即 $r=0,z=0$）的光强度为

$$I_0(0,0) = \frac{2P}{\pi w_0^2} \tag{6-19}$$

式中：P 为激光功率；r 为任何平面上各点与光轴的距离。

脉冲激光焊接通常需要一定的离焦量。因为激光焦点处光斑中心的功率密度过高，容易将工件蒸发成孔。离开激光焦点各平面上的光斑能量分布相对要均匀些，容易获得合适的功率密度。

4. 聚焦透镜焦距对焊接的影响

聚焦透镜的焦距大小,一般根据材料的片厚和焊点斑点的大小来确定。表 6.1 列出了在集成电路的外引线焊接中,用三组透镜做试验时,所测得的各参数值。

表 6.1　外引线焊接试验的各参数

焦距/mm	能量/J	脉宽/ms	备　　注
20	0.3～0.5	2	YAG 激光
43	0.6～1	1.5～2	钕玻璃激光

6.3.3　激光切割

当大、中功率激光束作用到材料上时,可使材料熔化并形成孔。当激光束移动时,则形成一个深且窄的切口,使材料切开。有时为了加快切割速度,将氧或空气与激光束同轴吹入,对于一些易氧化的金属则吹入惰性气体,这样可使切口不产生气化层。图 6.12 所示是一具激光切割机的气体辅助激光切割头。来自二氧化碳激光器的光束聚焦成约 $500~\mu m$ 的小点。同时,$69～103.4~kPa$ 压强的气体同心地引向光束的焦点。激光切割具有以下优点:

(1) 切缝窄且平整;

(2) 切割的边缘质量好,因为激光切割时,切口的氧化物熔渣少、变形小、热影响区也小,因此,切口不只是外观整齐,而且材料的性能变化也很少;

(3) 特别适用于机械强度高、熔点高的金属,如不锈钢、耐热合金钢、钛合金钢或淬火状态的工具钢等,这些金属用常规切割手段是难以实现切割的。激光还能切割非金属材料,如橡胶、皮革、塑料、布匹、纸张、石英、有机玻璃等。

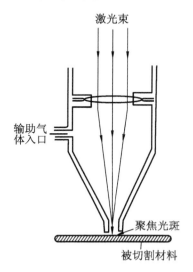

图 6.12　气体辅助激光切割头

激光切割除上述加工性能方面的优点外,还有工艺和成本方面的优点,如加工成本低、加工速度快。对钛板切割,其加工成本的比较如表 6.2 所示,其切割速度比较如表 6.3 所示。

表 6.2 几种切割方式的比较

加工成本/(美元/吋) 切割方式 〉 项别	钛板厚度			设备投资/美元
	1/8″	1/4″	1/2″	
锯	1.52	2.18	4.15	2000
激光	0.71	1.19	1.28	9600
氧-乙炔	0.75	1.36	1.41	39000
等离子电弧	0.72	1.44	1.58	39000

表 6.3 切割速度的比较

平均切割速度/(吋/分) 加工方式 〉 项别	板厚/吋		
	1/8	1/4	1/2
锯	4.4	3	1
激光	120	60	40
氧-乙炔	60	3	20
等离子电弧	60	50	50

其中,所用的激光器仅为 250 W 连续 CO_2 激光器,若采用更高功率的激光器尚可达到更高的速度。另外,由于激光切割能改善零件设计和制造的灵活性、加快特殊零件和样机零件的周转速度、减少模具的需要量、更充分地利用材料等工艺上的长处,故激光切割已成为材料加工中一种具有广泛用途的加工手段。再加上激光束易于控制,配备计算机可组成高生产率的自动切割机。

6.3.4 激光热处理

激光热处理工艺是激光材料加工的第二代应用。特别是在中、高功率激光器出现之后,不但能对材料的局部进行热处理,而且还能实现大面积或大批量的工件在一定条件下进行热处理。激光热处理包括材料表面硬化、合金化等。

1. 激光表面硬化

激光表面硬化的机理有两种:一种是激光加热表面的相变硬化,另一种是激光感应激波的表面硬化。

激光表面相变硬化是利用激光作为高度集中的热源来对材料进行热处理。激光照射到材料表面后,使其迅速加热。但加热温度控制在材料的临界温度上、熔点以下。当移去激光后,由于材料的基体仍为冷状态,因而就出现急剧的自淬冷却。通过控制加热时间和温度,可使材料表面的结晶结构发生变化,提高表面硬度。用于激光表面相变硬化的激光束,功率密度较低,一般为 $10^3 \sim 10^4$ W·cm^{-2} 的数量级。加工时,激光束在工件上进行扫描,以硬化工件所要求硬化的部分。激光表面相变硬化的主要优点在于用光学方法可以方便地处理各种形状的零件,如盲孔的底部、深孔的侧面等。由于激光束作用区很小,加热速度快,因此热影响区小、工件变形小,经激光处理后的工件无需进行再加工和校直。由于激光束尺寸很小,可对材料表面任意给定的图形进行扫描处理,当采用景深大的光学系统时,即使工作表面沿光轴方向有较大的起伏,也能均匀地处理其表面,因而便于处理形状复杂的零件。同时,激光的处理速率高,通过改变激光功率及其在材料表面的停留时间能方便地控制硬化深度及实现自动化操作。例如,用功率为 10 kW 的 CO_2 激光器对凸轮轴上的凸轮表面进行处理,扫描速率为 40 mm/s,硬化宽度为 10 mm,硬化深度约为 1 mm,硬度达 HRc60。某些常用材料在激光表面硬化处理后的材料组织与性能如表 6.4 所示。

表 6.4　激光表面硬化处理后的材料组织与性能表

材料	牌　　号	硬化层组织	硬度 HRc	深度/mm
铸铁		马氏体基体+片状石墨	60	0.5
低碳钢	SAE_{1018} 0.15%～0.20%(含碳量)	低碳马氏体+少量铁素体	61	0.25
低合金钢	SAE_{4340} 862 52100	很细的马氏体	57～59 60 60～64	0.4 0.36 0.18
工具钢	A6.01		58～62	0.3
可锻铸铁		团絮状石墨+周围马氏体	60	0.25～0.35

激光感应激波表面硬化,是将极高峰值功率的短脉冲作用到金属表面,而产生极强的应力波,从而使金属表面层的金属结晶结构发生不规则的错位,以提高其表面硬度强度——抗疲劳性能等。在做此类处理时,常在材料表面覆盖一层极薄的不透明声阻材料,以供激光产生的激波更有效地向材料内层传递,常用的覆盖层为熔融石英和水。用峰值功率密度为 2×10^9 W·cm^{-2} 的激光脉冲,可感应出峰值压力为 5 GPa 的压力脉冲。当峰值功率密度约为 4×10^9 W·cm^{-2} 时,即可获得峰值压力 10 GPa 的压力脉冲。含硅 3% 的硅铁合金,用峰值率密度 $5 \times 10^8 \sim 2 \times 10^9$ W·cm^{-2} 的激光脉冲处理后,其硬度增加约 25%。

2. 激光合金化

在金属表面处理中,要使金属表面成分发生变化,是通过在金属表面进行碳、氮、铬的扩散或者其他元素的气相沉积来实现的。这往往需要将整个工件加热,因而加热效率低,且工件变形大。激光束是一种高度局部性的热源,且加热时间短,用它进行金属表面处理,就可完全克服常规方法所见到的缺点。高功率密度的激光束照射工件表面,金属表面和所希望的合金元素就会熔化和混合,从而获得在金属表面所希望的物理和化学性能。合金层的厚度等于其激光加热时金属与合金元素熔化后的厚度,并可通过控制激光束的功率密度和停留时间控制合金层的厚度,合金元素的浓度可达到重量的 50% 以上。

6.4 思考与练习题

1. 说明激光干涉测长仪的原理。
2. 说明激光相位法测距和脉冲法测距的原理。
3. 简述激光焊接的特点。
4. 简述激光焦点的物理含义。
5. 用一个透镜将 Q 开关红宝石激光器发出的 200 MW 的光脉冲聚焦到直径约为 20 μm 的圆面积上。试计算该面积上的光强度。

参考文献

[1] 周炳琨,高以智,陈倜嵘,等.激光原理[M].5 版.北京:国防工业出版社,2007.

[2] 丁俊华.激光原理及应用[M].北京:清华大学出版社,1987.

[3] 陈家璧.激光技术及应用[M].北京:电子工业出版社,2010.

[4] 蓝信钜.激光技术[M].武汉:华中科技大学出版社,2004.

[5] 格拉诺夫斯基.动态测量[M].傅烈堂,鲍建忠,译.北京:中国计量出版社,1989.

[6] 李世义.动态测试技术基础[M].北京:国防工业出版社,1989.

[7] 秦积荣.光电检测原理及应用[M].北京:国防工业出版社,1987.

[8] 祖耶夫,卡巴诺夫.光信号在地球大气中的传输[M].殷贤湘,译.北京:科学出版社,1987.

[9] 徐介平.声光器件的原理、设计和应用[M].北京:科学出版社,1982.

[10] 熊钰庆.激光理论基础[M].广州:广东科技出版社,1991.